极限建筑

EXTREME/
/ARCHITECTURE

立体构成权威教程

编著　郭建军　沙伟臣　苏友勇
编委　孙明豪　宋磊　崔英杰　蒲玉轻　苏友强　韩慧　苏友强　辛铁峰　黄乙

中国青年出版社
CHINA YOUTH PRESS　中青雄狮

目 录

立体构成基础教学 /5

立体构成阶段训练 /17

立体构成高分范例 /61

立体构成基础教学

概述

首先，我们应该在开始之前对建筑方向的立体构成以文字的方式下一个系统的定义。立体构成是研究三维空间中形体与形体围合的空间关系的处理方法，是一种体现实体与空间关系的抽象语言，而实体与空间的关系贯彻在立体构成的训练当中。简单来讲，实体与空间是实与虚的关系，在空间中也是互补的关系，正是因为实体与空间的这种关系，我们才可以在以后的训练中用正负形的方法对其进行处理。

在建筑学习中，立体构成是研究建筑实体与建筑空间及其所形成的区域之间的关系、形态的重要手法，故而成为学习建筑的学生应具备的一种基本素养，立体构成设计也就相应地成为中央美术学院建筑专业招生考试的必考科目之一了。而我们从立体构成学习的本质出发，为的就是让学生先具备立体构成设计的基本素养，再让学生拥有从容面对考试的应试能力。

立体构成作为一种抽象语言，在建筑设计中充当基础性语言的角色，也是即将从事建筑行业的学生们的必修课程。在任何建筑形态中都可以找到我们在立体构成方面即将探讨的话题。概括地说，立体构成中的基本形体通过立体构成常用的处理手法对基本形体进行塑造，从而形成丰富形体与空间，这便有了建筑物的雏形。

同时我们对建筑的描述方式也被应用在立体构成的表现和表达之中，即以平面图、立面图和效果图的方式进行完整表达，这个问题将会依据具体的作业进行详细讲述。

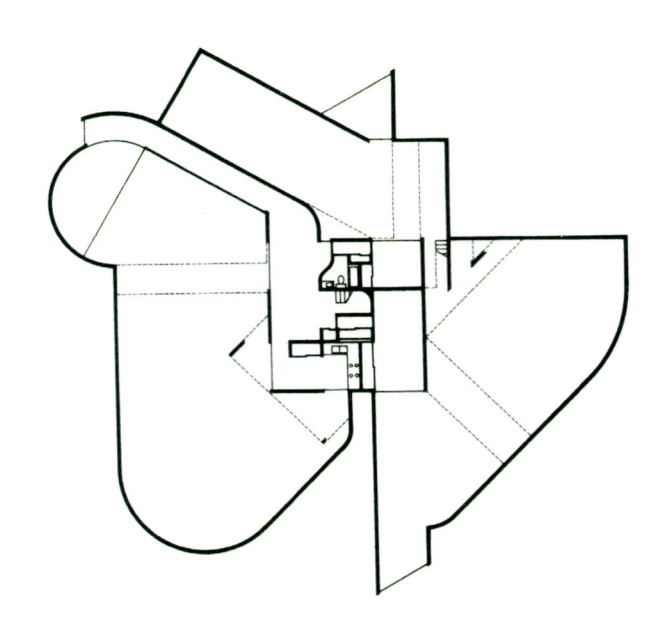

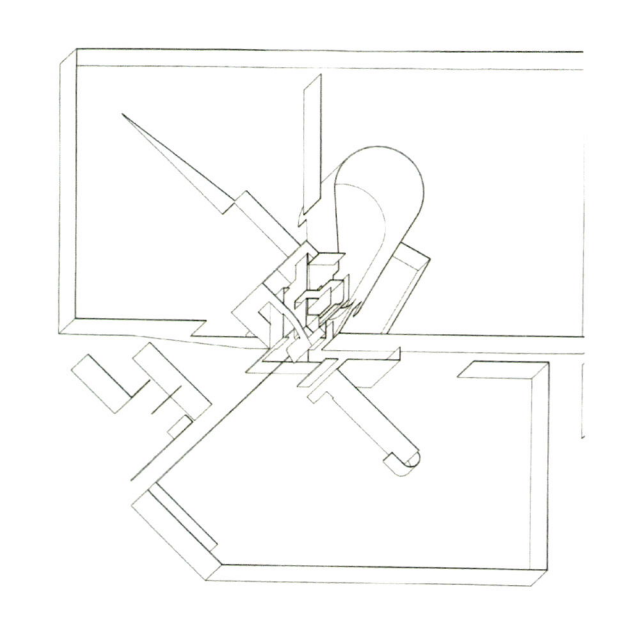

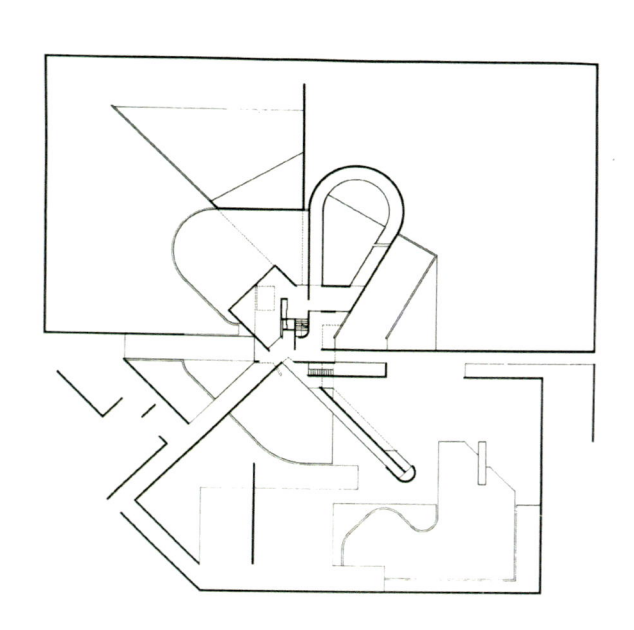

上图的顶视图

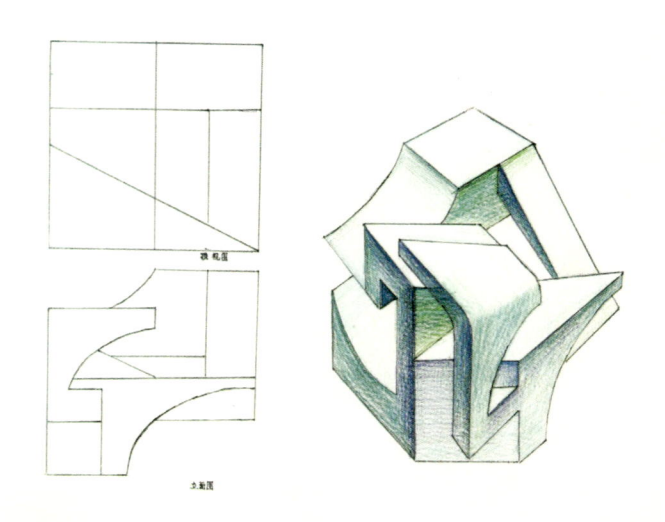

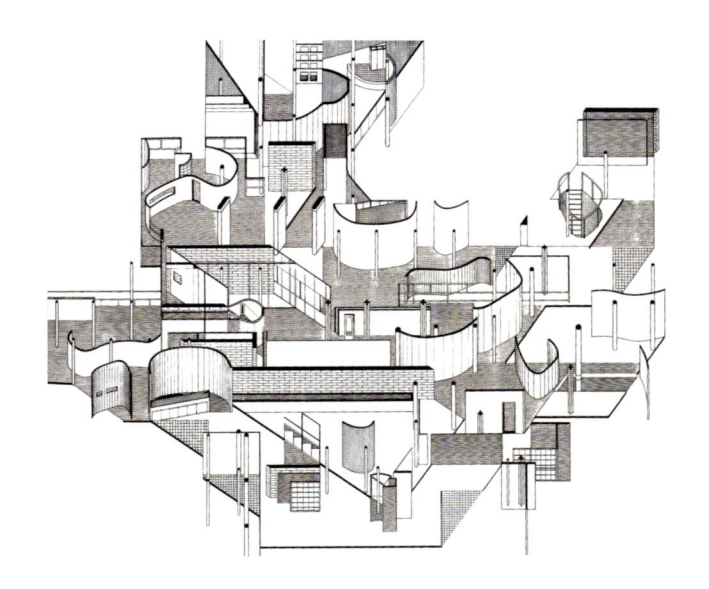

立体构成在建筑中的运用1

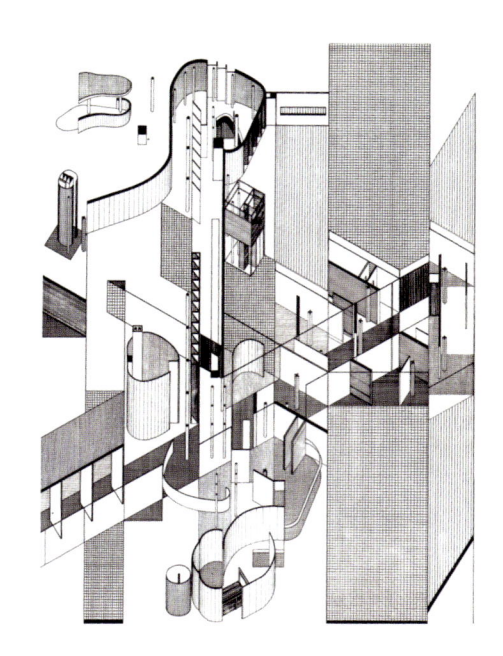

立体构成在建筑中的运用2

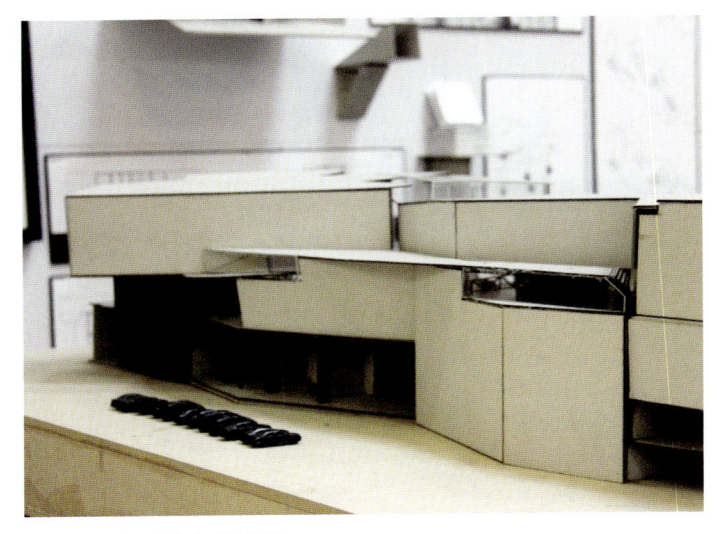

立体构成在建筑中的运用3

立体构成在建筑中的运用4

立体构成在建筑中的运用5

立体构成在建筑中的运用6

立体构成在建筑中的运用7

理论知识的学习是实践前的第一步，我们在教学中总是在一开始先将最基本、最基础但又是最核心、最重要的理论知识给学生们讲清，并在接下来的课程中贯穿始终。只有这样，我们才能让学生建立起对课程最本质的认识并具有最基本的素养，立体构成也不例外。

一、立体构成概念

立体构成是一种研究三维空间中形体与形体围合的空间关系的处理手法。

立体构成是以点、线、面、对称、肌理来研究空间立体形态的学科，也是研究立体造型各元素的构成法则。

立体构成是一门研究在三维空间中如何将形体与空间要素按照一定的原则组合成富有个性美的立体形态的学科。

以上三种对于立体构成的解释，将始终伴随我们的学习。

二、立体构成基本知识

我们由立体构成的第一个解释可以知道，立体构成包括形体与空间两部分，它研究的内容是形体与空间及其所组成的关系。

1 形体与空间的关系

形体与空间是一种实与虚的关系。

空间由形体围合而成，故空间也是有形状的，所以形体与空间又是正负形的关系。我们往往可以通过正负形的思考方法去检查形体与空间的关系是否完善、合理。

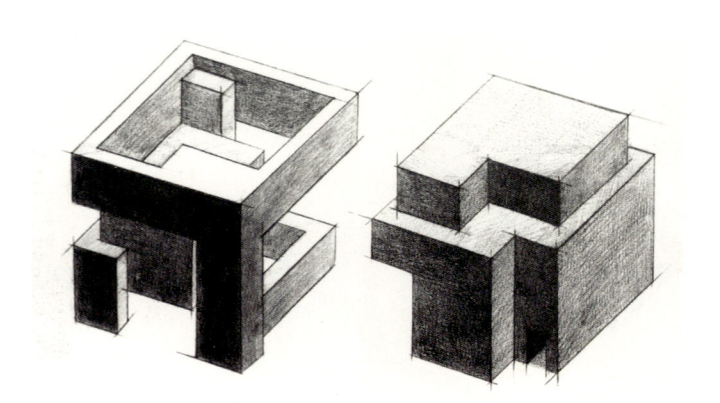

2 形体

形，不管其多复杂，也只是存在于二维平面内的形态。

立体构成虽然是立体设计，但仍然遵循二维形式的审美准则。

任何形在一定条件下都可以分解为点、线、面的任意组合。

(1) 形的属性

① 形状：形状是形的主要可辨认特征，是形的表面和外轮廓的特定造型。

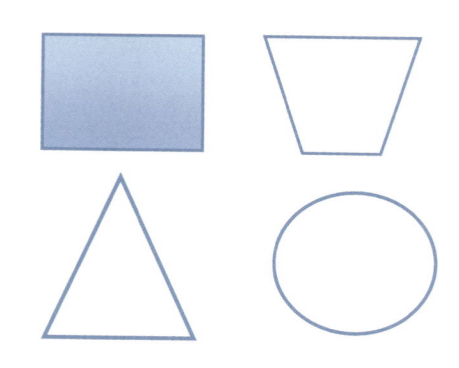

② 尺寸：尺寸是形的实际度量，是由形的长、宽、高共同决定的，而度量确定形式的比例，它的尺度是由它的尺寸及其周围形的关系所决定的。

③ 色彩：色彩是将一个形与周围环境区别清楚的重要视觉特征，它将影响到形的视觉重量（一般来说颜色的明度越低，重量越重）。

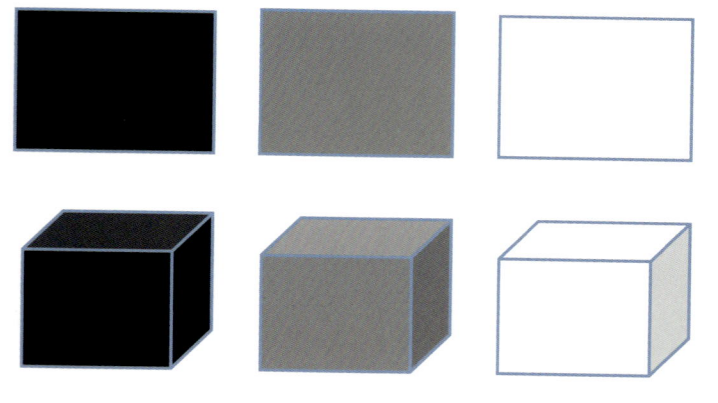

④ 质感：质感是形体的表面特征，直接影响着形体表面的肌理变化，能够产生出更加丰富的视觉体验。

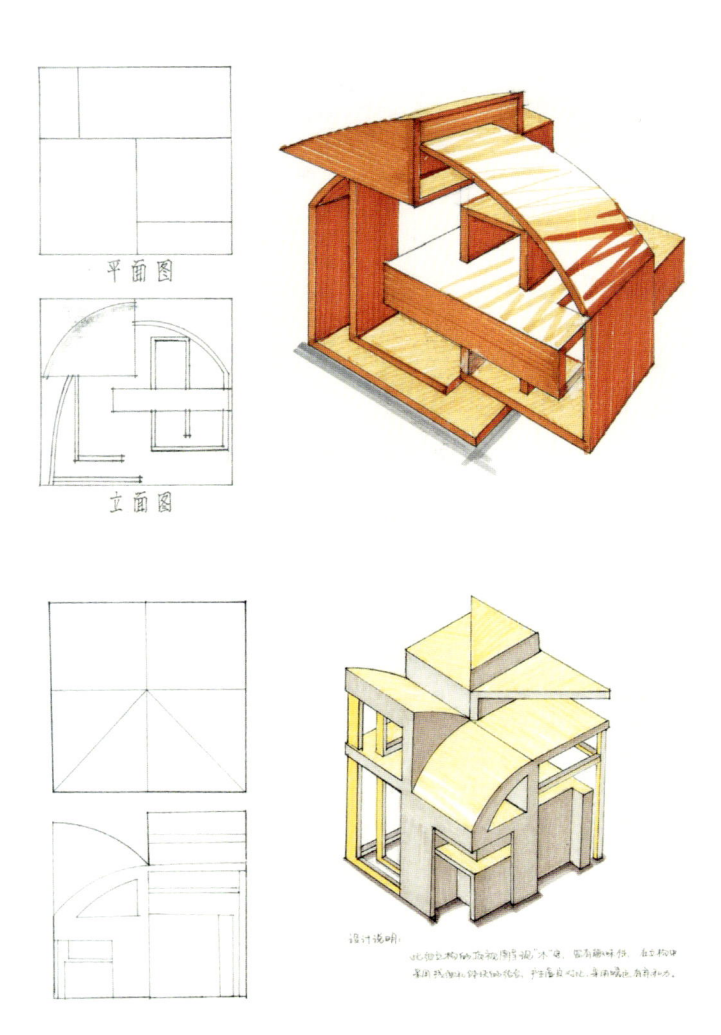

(3) 形体的基本属性

形体：形体相对于形来说其实是立体的，但形体也具有形的基本属性。

通常来说，形体的基本类型分为直面体和曲面体两种。

二者的区别是前者有明显的交界线和交点，后者则不一定有。这将涉及立体构成中不同形态的表现。

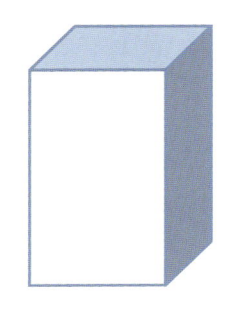

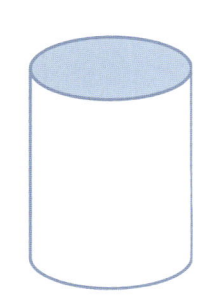

直面体与曲面体

形体的规则性：

规则形体一般在性质上呈现为一种稳定的状态，并以一条或多条轴线对称。

不规则形体一般不对称，它们更富有动态。不规则形体可以通过在规则形体上增加或减去不规则的要素而形成。

形体的变化形式：削减与增加。

削减变化：在尺度相对大的形体上做出小的削减，这个形体依然会比较完整。它是强调整体的造型手法，所以必须强调整体的造型。削减过多，这个形体则会被转化为另一种形式。

增加变化：在尺度大的形体上增加小的形体，则增加的部分往往会吸引观者视线，它是强调局部的造型手法。

⑤ 方向：不同比例和形状的面能够产生方向感。

(2) 形与形的七种基本关系

充实而围合的形体呈现出坚实感，虚空较多的形体呈现出轻盈感。

① 分离　② 接触　③ 透叠　④ 联合

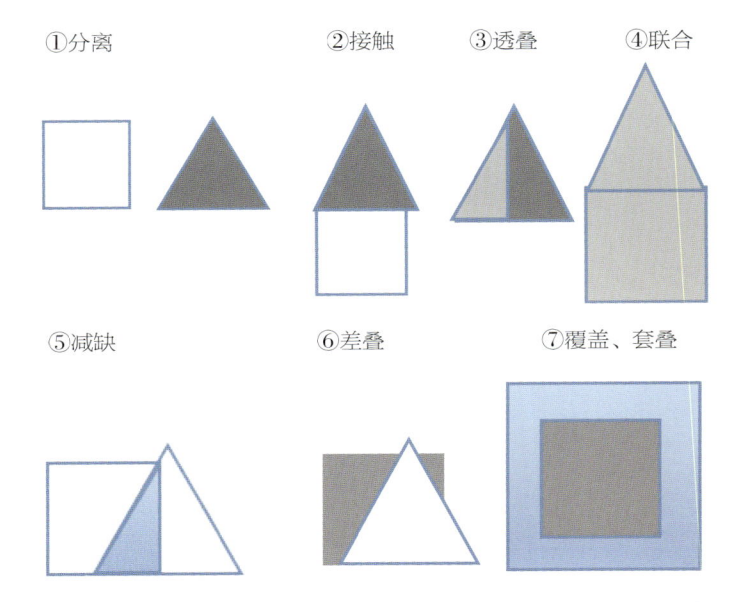

⑤ 减缺　⑥ 差叠　⑦ 覆盖、套叠

坚实感

立体构成基础教学

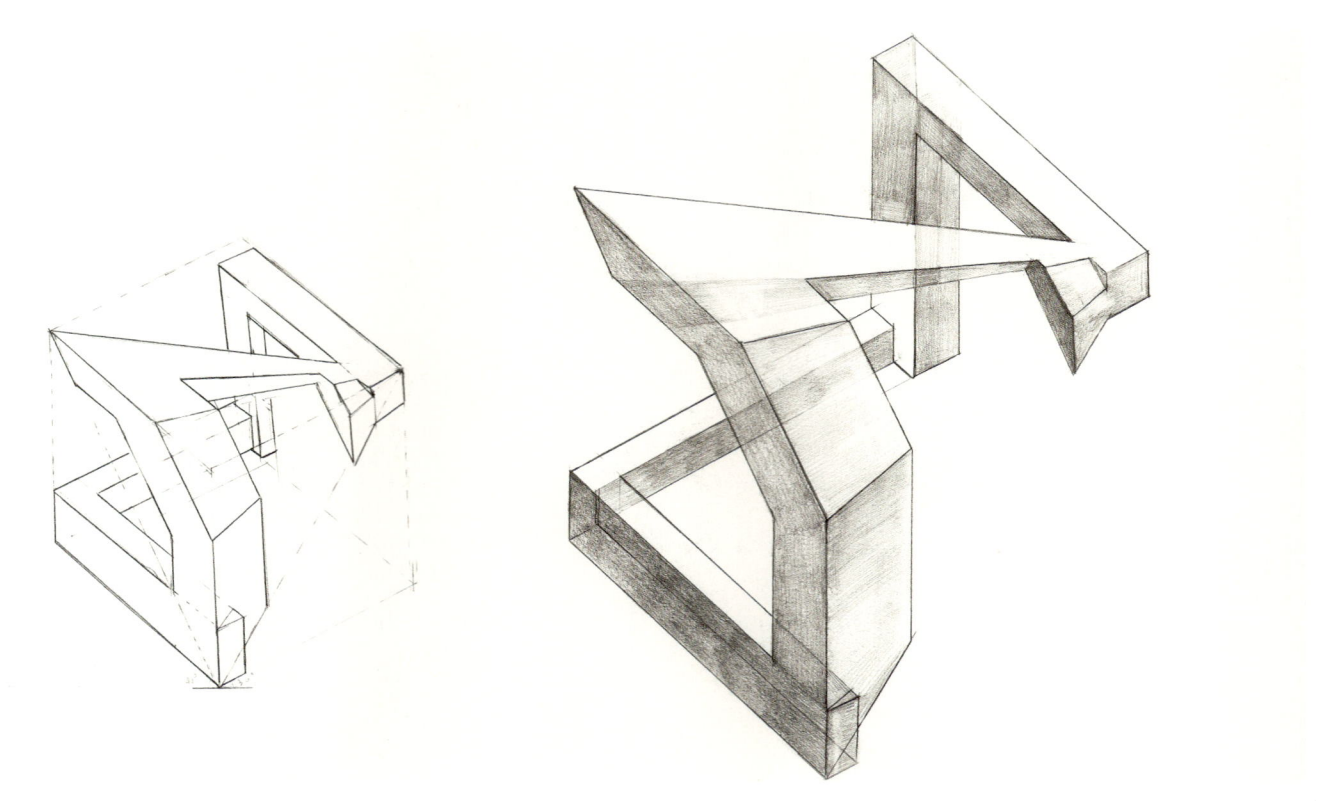

在这个立体构成的方案中,我们可以看到作者对于立方体的认识和处理手法,作者没有局限在单一的形体中,而是从中发现了通过剖切而形成的有质感的空间形态

(4) 形体在空间中的关系

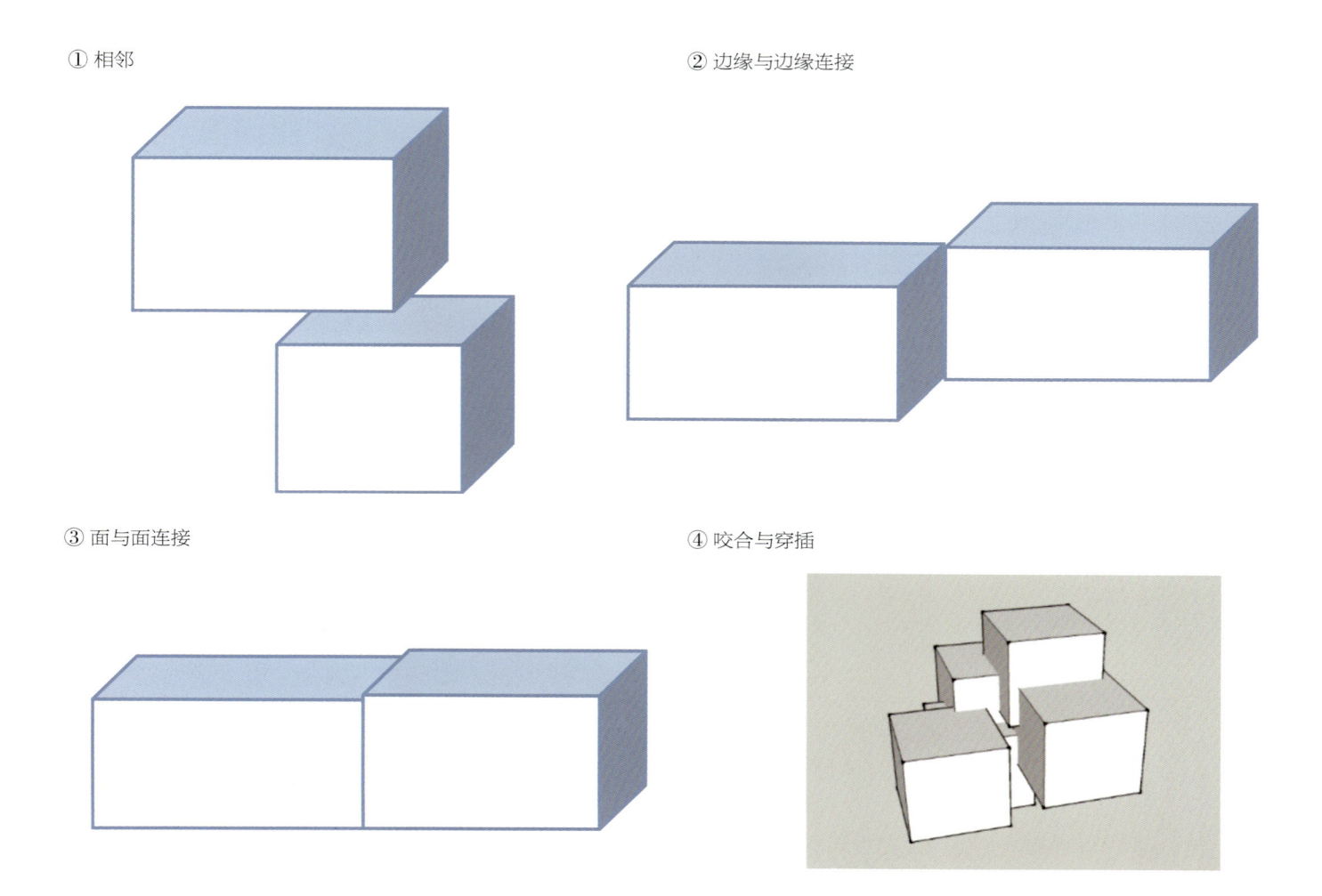

① 相邻

② 边缘与边缘连接

③ 面与面连接

④ 咬合与穿插

3 空间

空间是由形体围合而成的，我们依照阳光的照射量，把空间属性分为黑、白、灰三种：黑空间代表私密空间或封闭空间；白空间代表开放空间；灰空间则代表半私密半开放空间。不同的空间属性，代表着不同的空间能量，这一点需要同学们在平时的大量练习过程中进行仔细体会。

三、立体构成的基本手法

立体构成的核心与灵魂是空间。形体存在的意义除了自己本身的形态美之外，最关键最重要的作用便是塑造空间，所以一切立构的设计手法都是通过对形体形态的推敲来营造合理、完善和丰富的空间形态。

1 搭建

搭建主要是利用板状形体或杆状形体通过形体间的连接来围合空间，是一种利用形体直接塑造空间的手法。

2 组合

组合是以形体为元素，以加法的形式对其进行处理，组合成一个立体构成的方案。

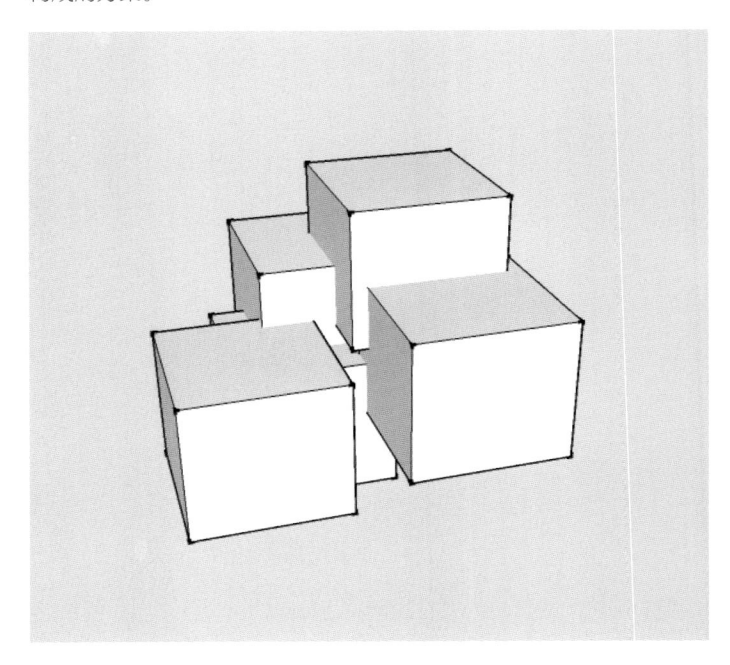

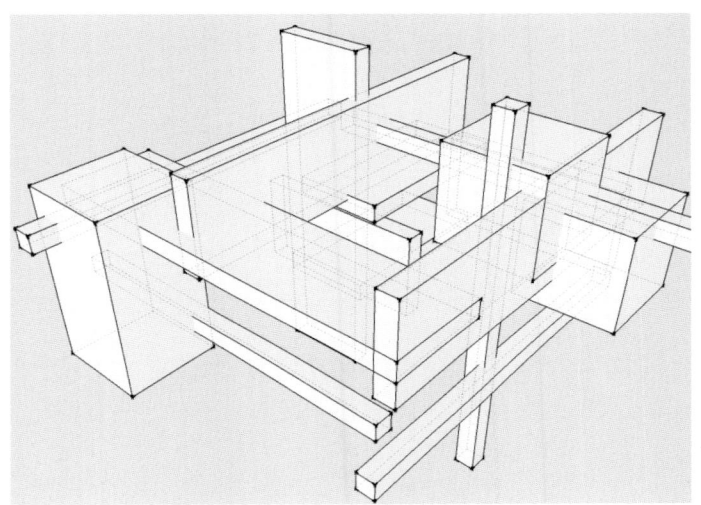

立体构成基础教学

3 剖切

剖切又称为切割或切面处理，是指通过切除部分形体来塑造出丰富形态的手法。

四、立体构成的审美原则

我们由立构的第三个解释可知，立构是按照一定原则创造具有个性美的立体形态的学科。这些原则便是立构的审美原则。在我们的教学思路中，引导学生对事物进行好坏的判断是极其重要的，这是学生应具备的最基本最本质的素质，也是学生建立自身思考与创造独立性的重要环节。通过这些审美原则，我们要建立一种对立构审美的独立判断的意识。

立构中一般遵循的审美原则有整体、均衡、节奏、空间与形态几种。

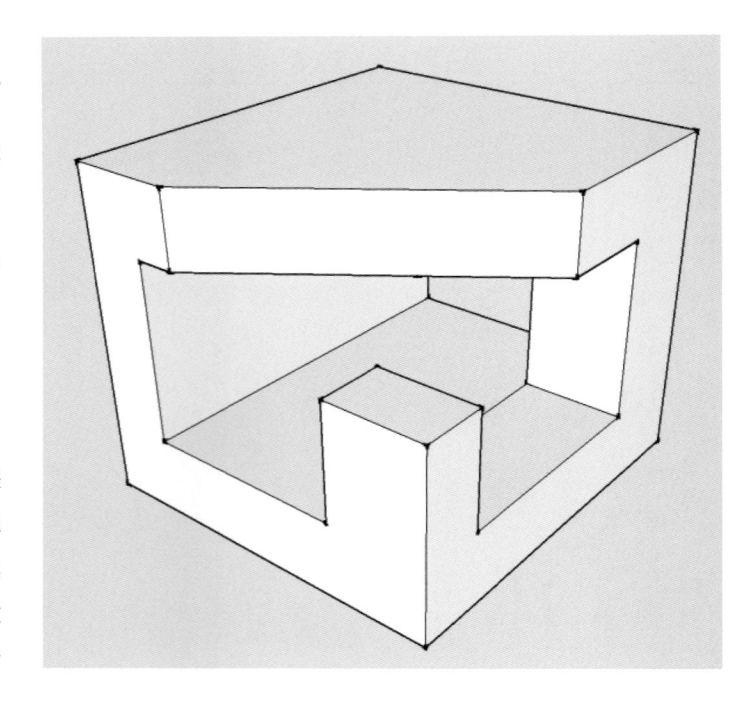

1 整体

立构的形态是整体的、和谐的、统一的。整体性要求我们对立构的处理是全局性的，立构形态应时刻保持完整感。

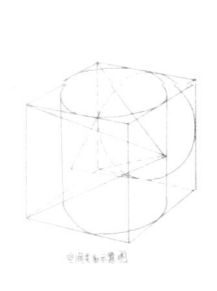

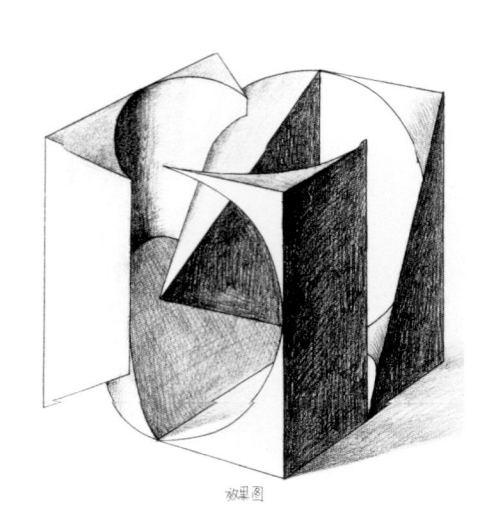

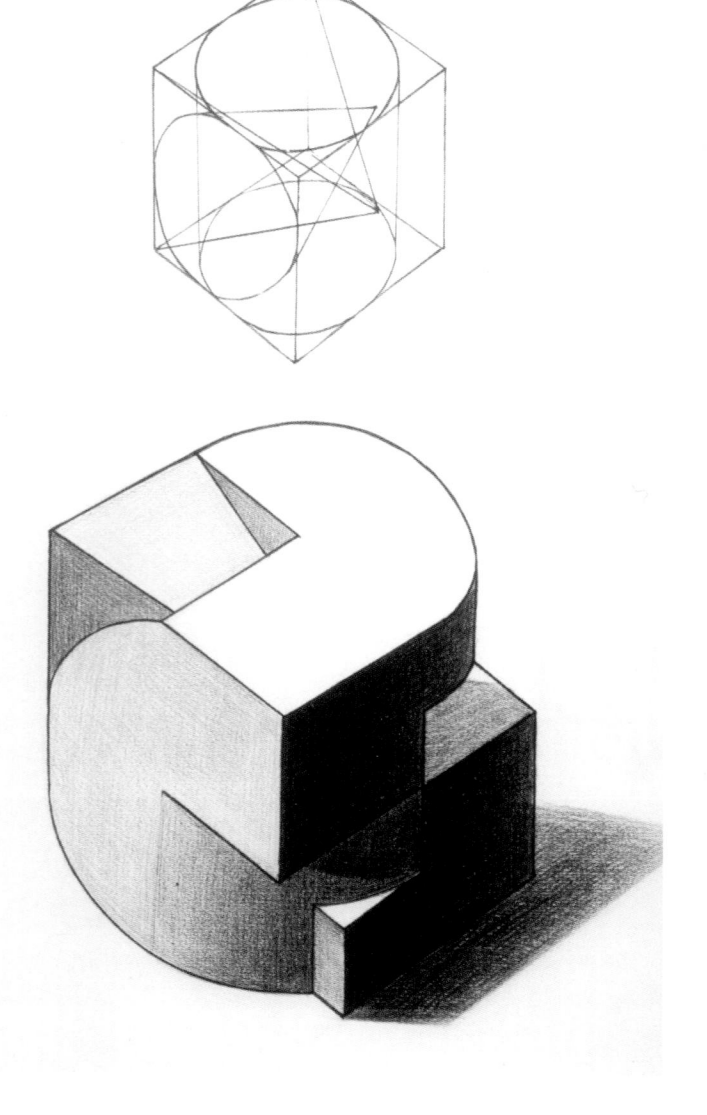

2 均衡

均衡是指各要素之间的安排和布局达到一种稳定感，这要求我们对立构形态各部分的尺度、比例要反复推敲，以达到协调的程度。

3 节奏

节奏即是各部分关系的对比与变化，立构形态应具有主次空间、疏密、大小、长短的变化与对比，同时又具有相应的呼应关系，在保证节奏对比变化的同时又要保证立构的整体性与均衡性。

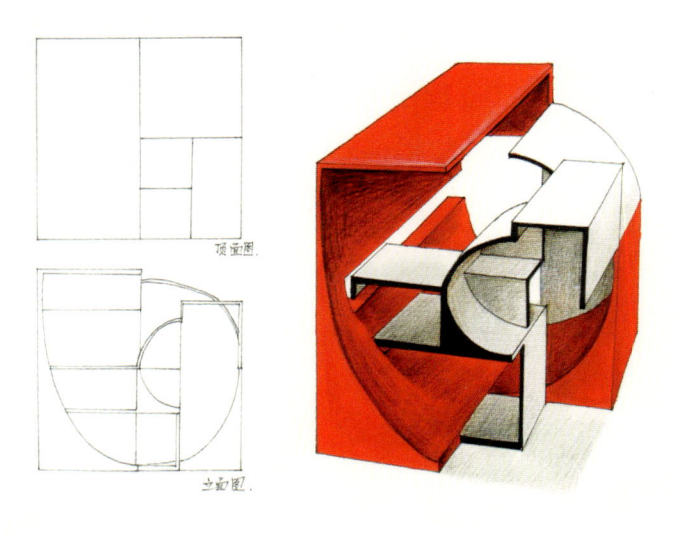

节奏把握得很到位，既有圆弧围合出的小空间，又有方形框架围合出的主空间，从而既有疏密的变化，又不失方圆的呼应关系

4 空间

空间是立构的灵魂，我们必须注意空间塑造的形态的连贯与通透。好的空间应是有层次、有质量、有属性、有主次之分、有感受力的空间。

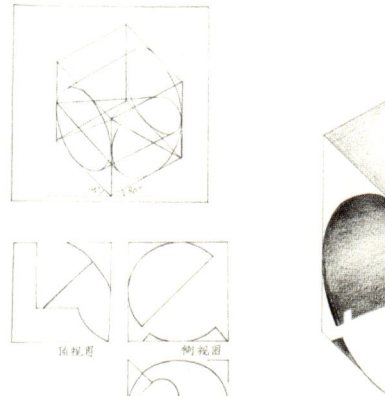

5 形态

立构通过穿插、切割、扭转以及直面体与曲面体的运用而富有了一种有个性的、整体连贯的形体感受。

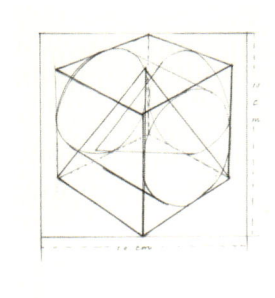

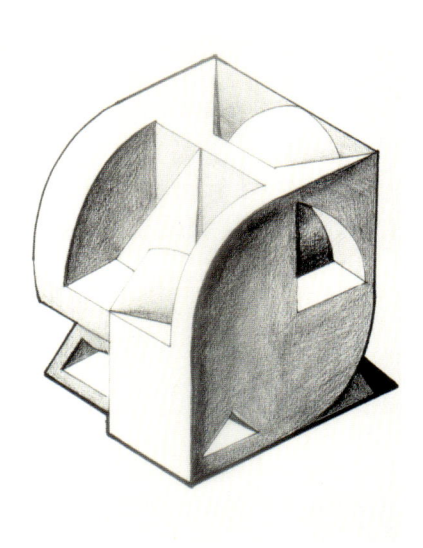

五、立体构成的其他知识点

1 相贯线

相贯线即即形体与形体间重合时相交的线，是立构考试中的重点考查知识之一。

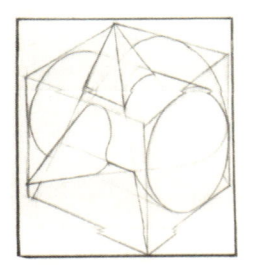

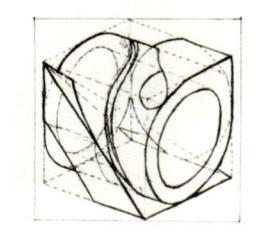

2 立体构成考试要求

立体构成考试有以下几点要求。
(1) 单色素描表现。
(2) 尺规作图，保证立构的准确性。
(3) 保持卷面的整洁。
(4) 注重构图的严谨性。

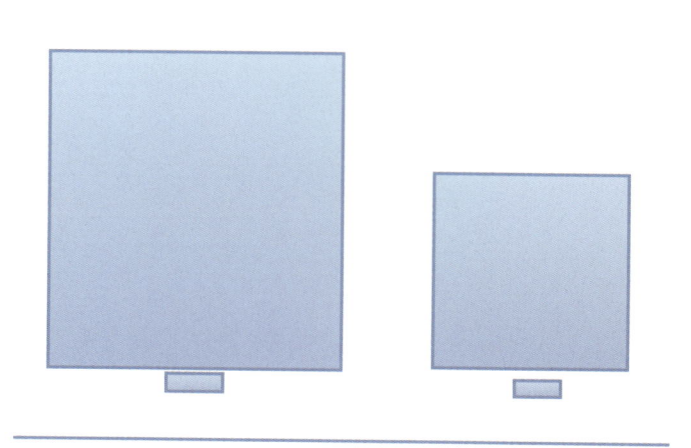

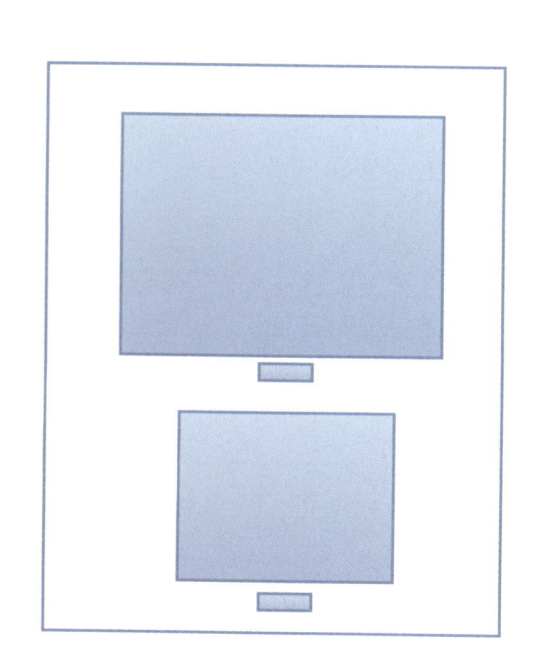

效果图与结构图（比例为6:4或10:7）

立体构成基础教学

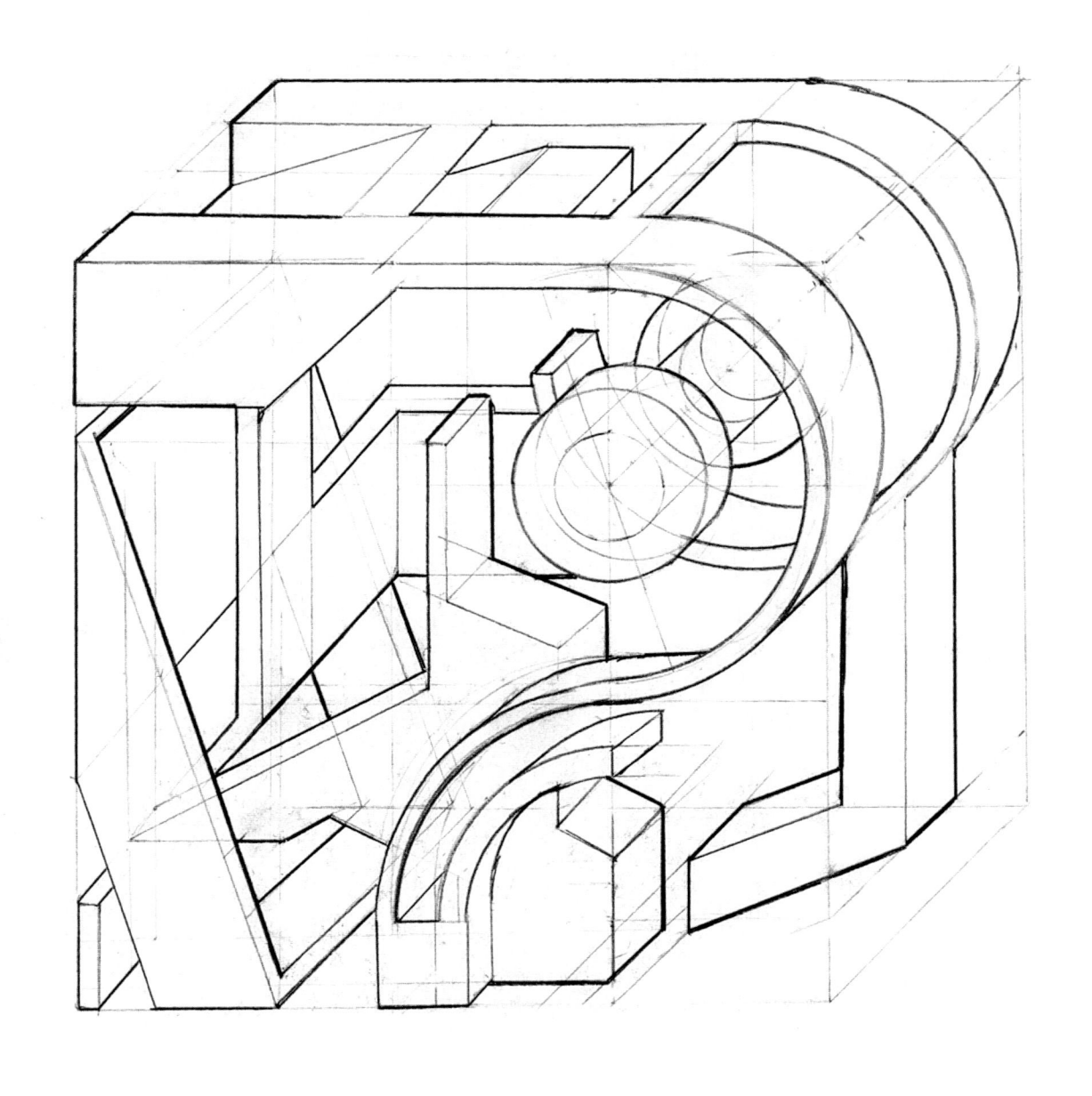

立体构成阶段训练

立体构成分阶训练与作业点评

我们在立构训练中，始终是以培养学生掌握立构最核心的能力和最重要的审美判断意识为目标的。

在立构训练中，我们不会去规定和限定学生做立构设计的标准答案，只是告诉学生最基本的审美原则，引导每一个学生设计出有特点的立构设计方案和有个性的表现方法，只要符合最基本的原则，都是能够接受的。

我们的立构训练一般是先通过搭建训练，使学生建立起正确的空间认识和空间意识，并初步了解形体与空间的关系，然后通过组合和剖切训练使其能力完整地体现出形体与形体之间的组合穿插关系，以及形体穿插所带来的丰富的空间形态，最后通过综合性题目的训练让学生在规定时间内完成一个优秀的、完整的立体试卷。

总体而言，我们的立构训练大致可以分为前期和后期两个阶段。

前期时间较长，又分为四个阶段。

前期训练的目的是建立起对立构的正确认识以及对立构的准确判断力。这个阶段时间跨度较大，并且每一个课题的完成时间长，要求一步一步地把所有的基础功底夯实，这对提升学生的修养的帮助是很大的，能够为进入后期强化阶段打下坚实基础。

后期则主要是通过强化训练来强化我们的立构能力，并提高我们在规定时间内完成一张优秀的立构试卷的应试能力。

1 搭建训练

"搭建"在立构的各处理手法中属于较为简单和基础的一种，它主要通过板材或杆材等轻质形体的互相连接来围合空间，相对不会涉及复杂的相贯线，又能比较容易地围合出丰富的空间，因此成为立构训练的第一个课题。

训练目的：

(1) 初步接触立体构成时能够较为迅速地建立起正确的空间概念，并达到从二维平面思维到三维空间思维的转化。

(2) 通过大量练习获得抽象几何空间的体验及把握空间的能力，强化对空间层次的把握。

训练方法：

设定一个尺寸为16cm×16cm×8cm的长方体空间，在此空间范围之内以板子、柱子、杆件、形体等元素进行搭建。

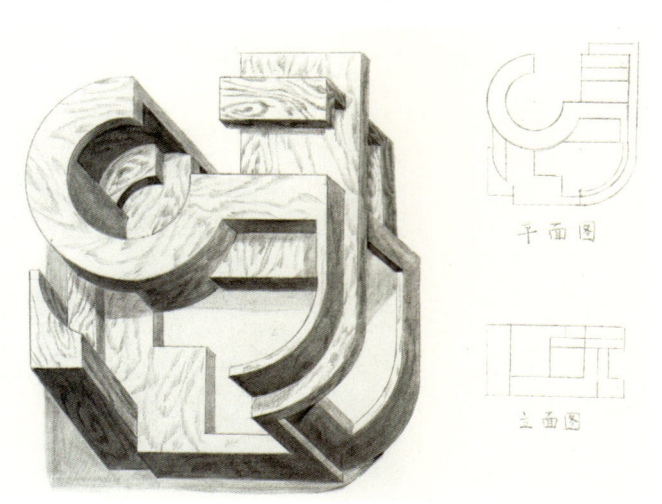

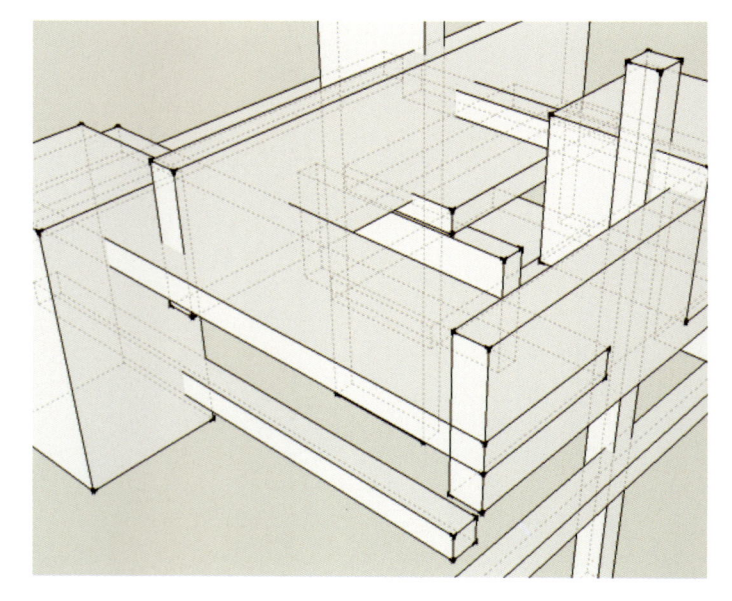

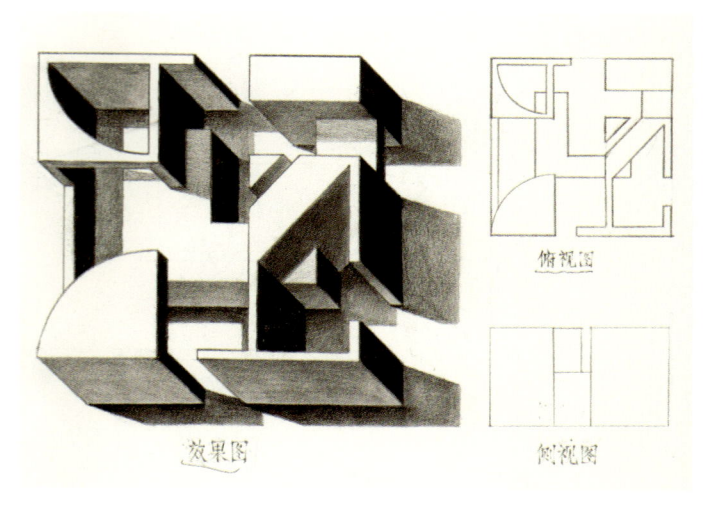

左边这幅作品作者在学习过程中表现出良好的对于弧线的把握能力和对整体的控制能力，这张作业形态大气统一，木头质感表现细腻；形体有层次，空间塑造也有主次，圆弧的运用很到位，呼应关系也把握得很好

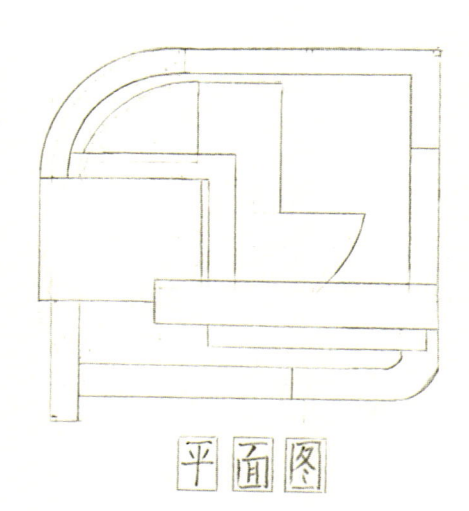

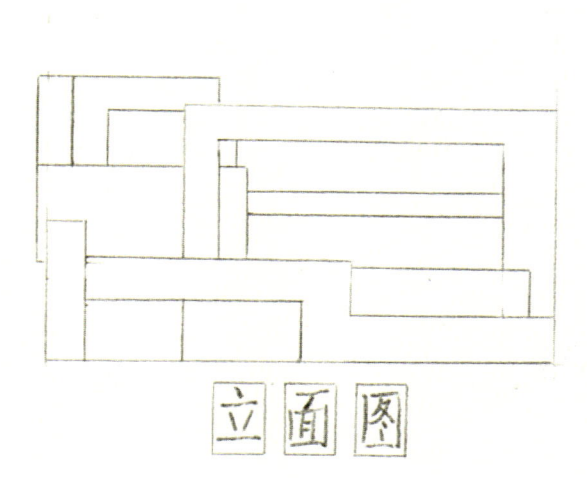

效果图

平面图　　　立面图

效果图

立面图 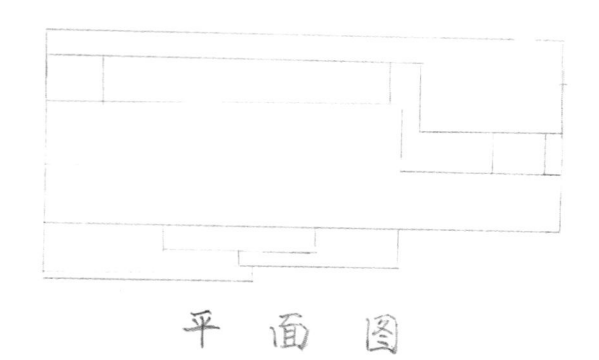 平面图

效果图

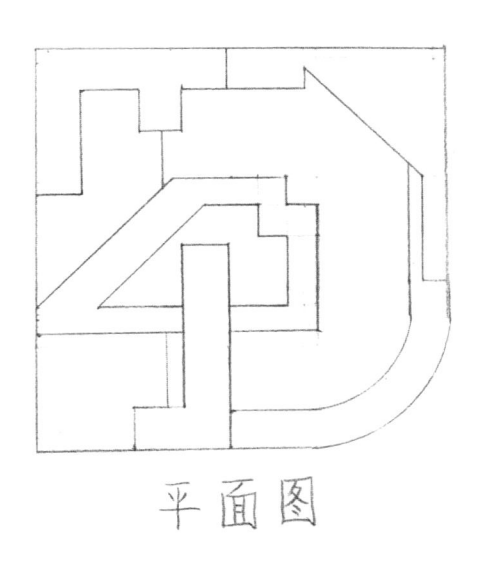

平面图 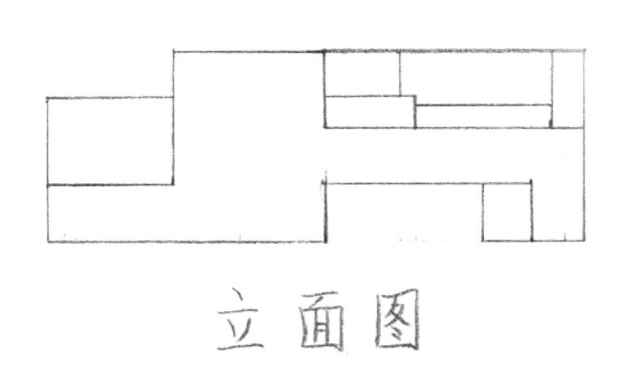   立面图

效 果 图

平 面 图 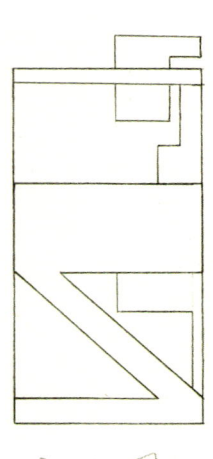　　　　　　　立 面 图

2 组合训练

"组合"是一种以多种形体元素相加的"加法"训练，通过形体与形体间的穿插、咬合以及位移来创作立体构成。

训练目的：

(1) 组合作为一种针对形体的训练步骤，要求学生在方案的创作过程中能够表现出强烈的雕塑感。

(2) 强化形体对于立体构成的形态塑造。

效果图

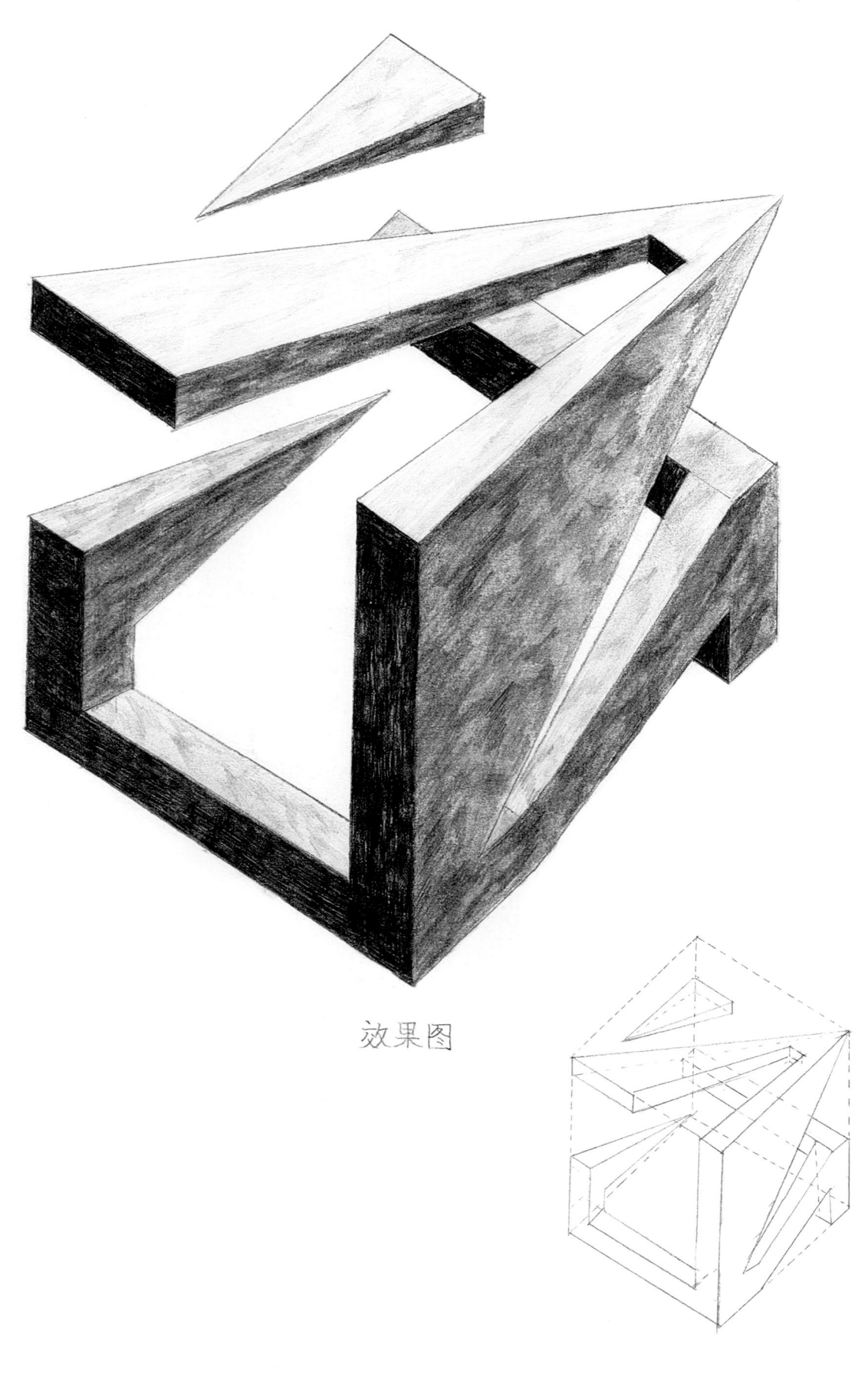

结构图

结构图

25 | 立体构成阶段训练

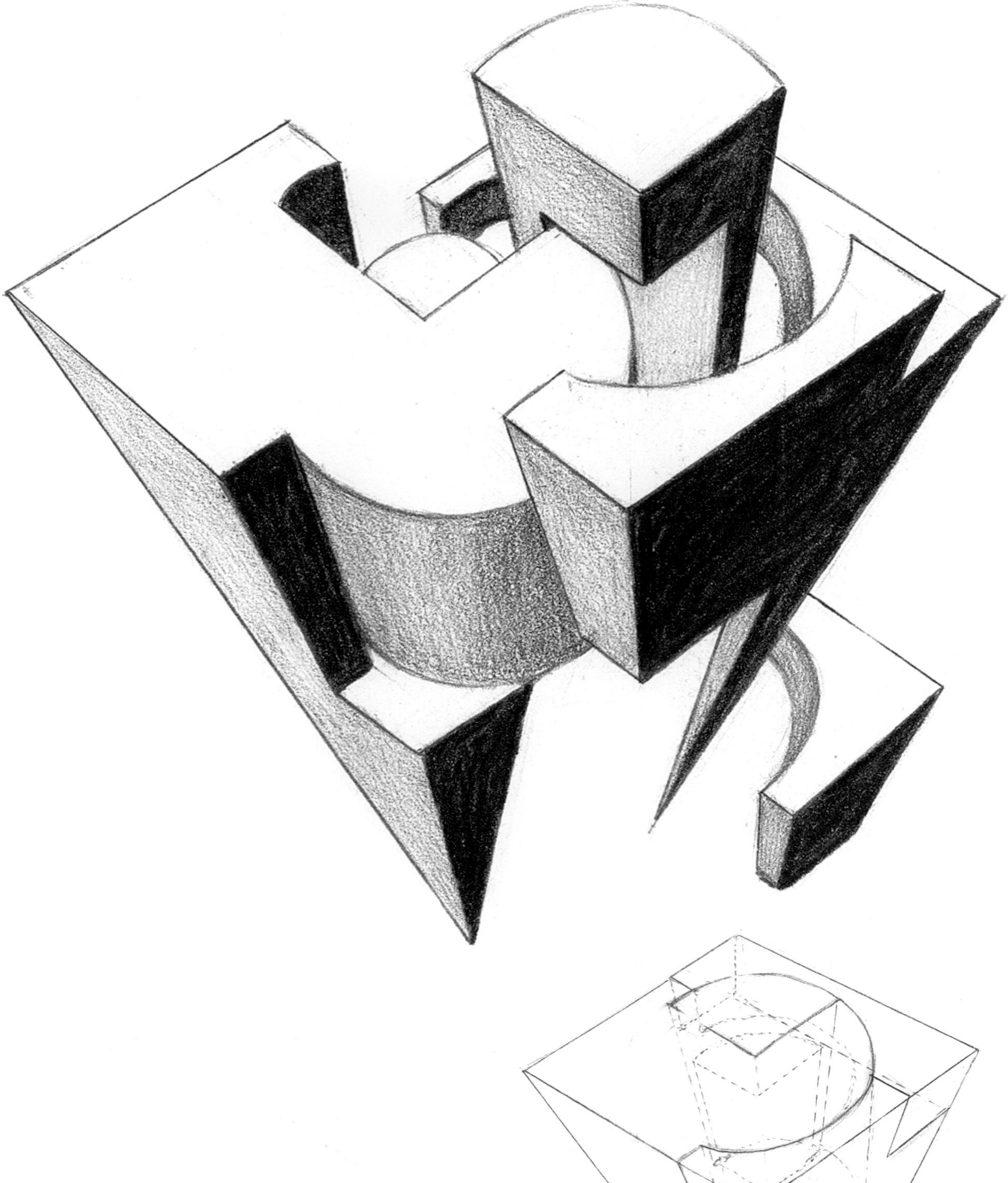

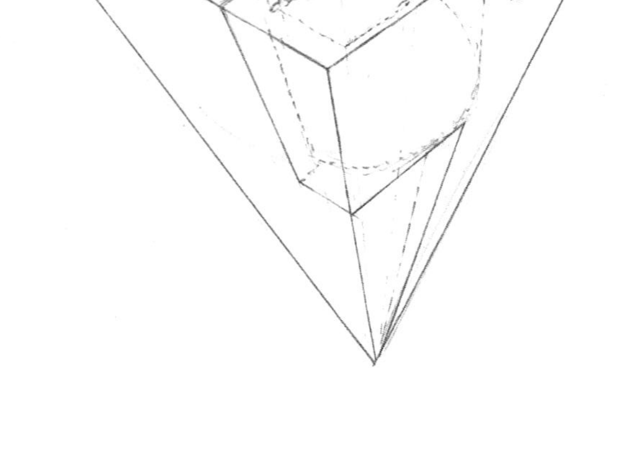

立体构成阶段训练

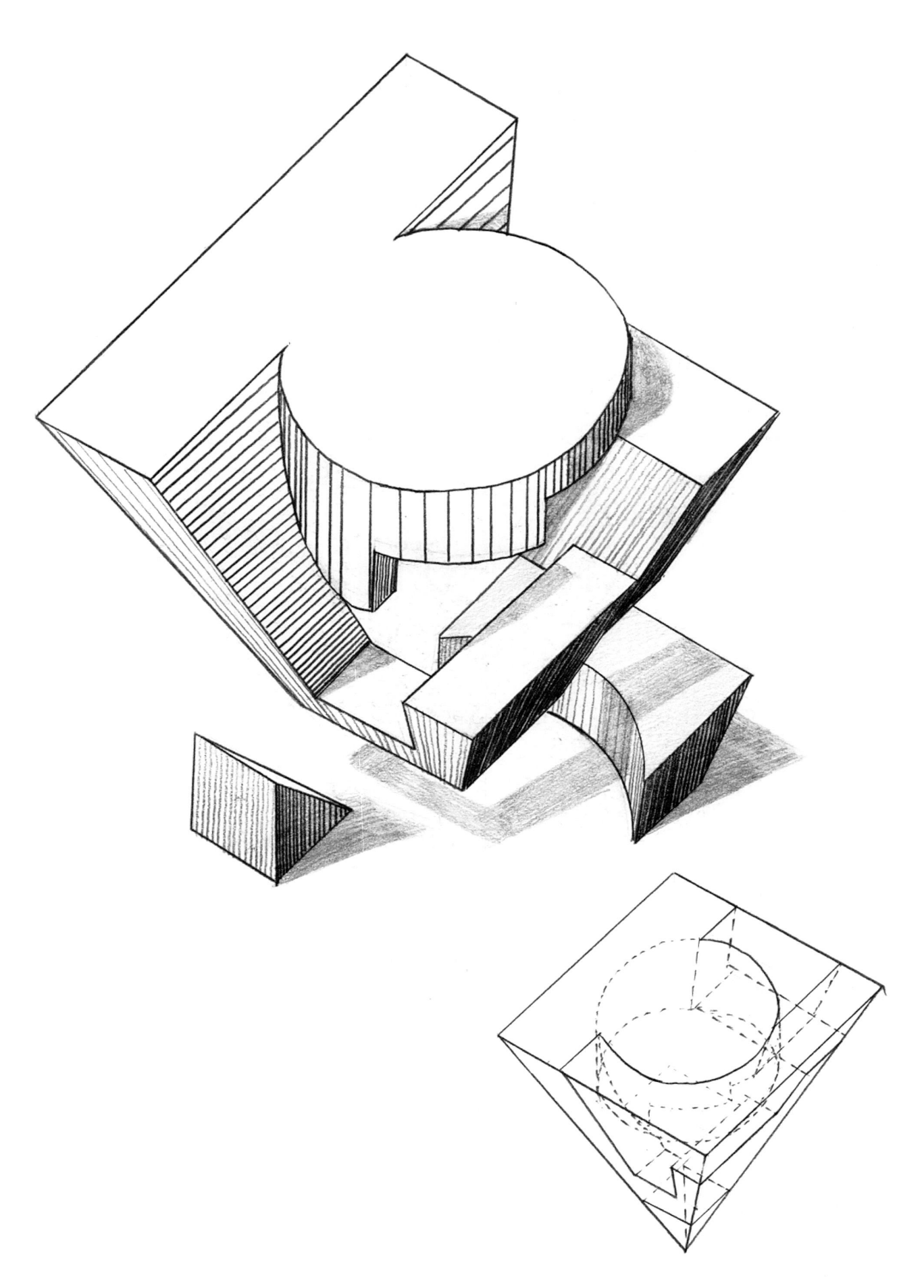

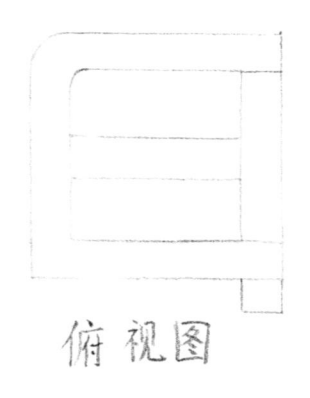

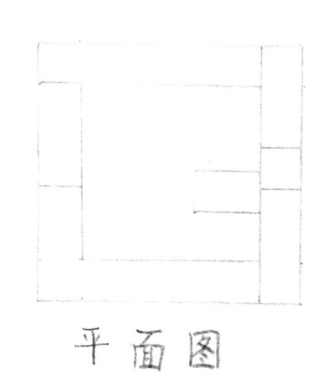

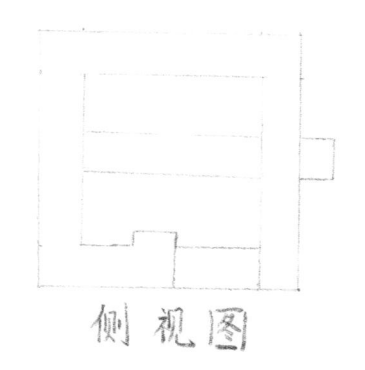

效果图

俯视图　　平面图　　侧视图

效果图

示意图

29 | 立体构成阶段训练

极限建筑——立体构成权威教程

立体构成阶段训练

轴测图

结构图

32 | 极限建筑——立体构成权威教程

33 | 立体构成阶段训练

3 剖切训练

"剖切"又称"切割"或"切面处理",主要通过切、割、掏空等塑造形体的方法,更加丰富地处理形体形态。通过切割不同的直面或曲面,能更容易地塑造出具有个性化和风格化的立构形态。

剖切是"减法",与搭建和组合的区别较大。在该阶段,我们就会逐步接触到综合忭较大的题目。

训练目的:
(1) 熟练掌握剖切手法的运用,体验由切割带来的丰富的形体与空间形体变化。
(2) 能够熟练掌握并准确表达剖切对空间形态通透性的影响。
(3) 初步接触综合性题目。

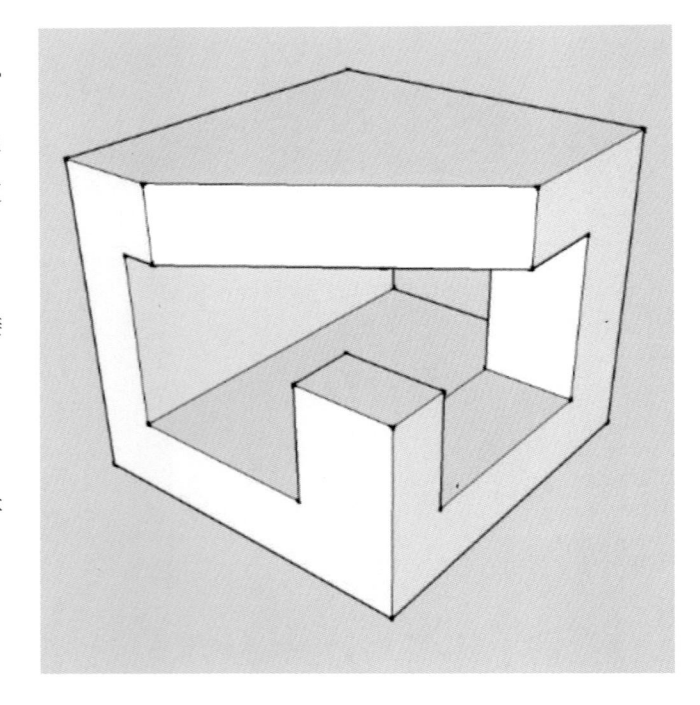

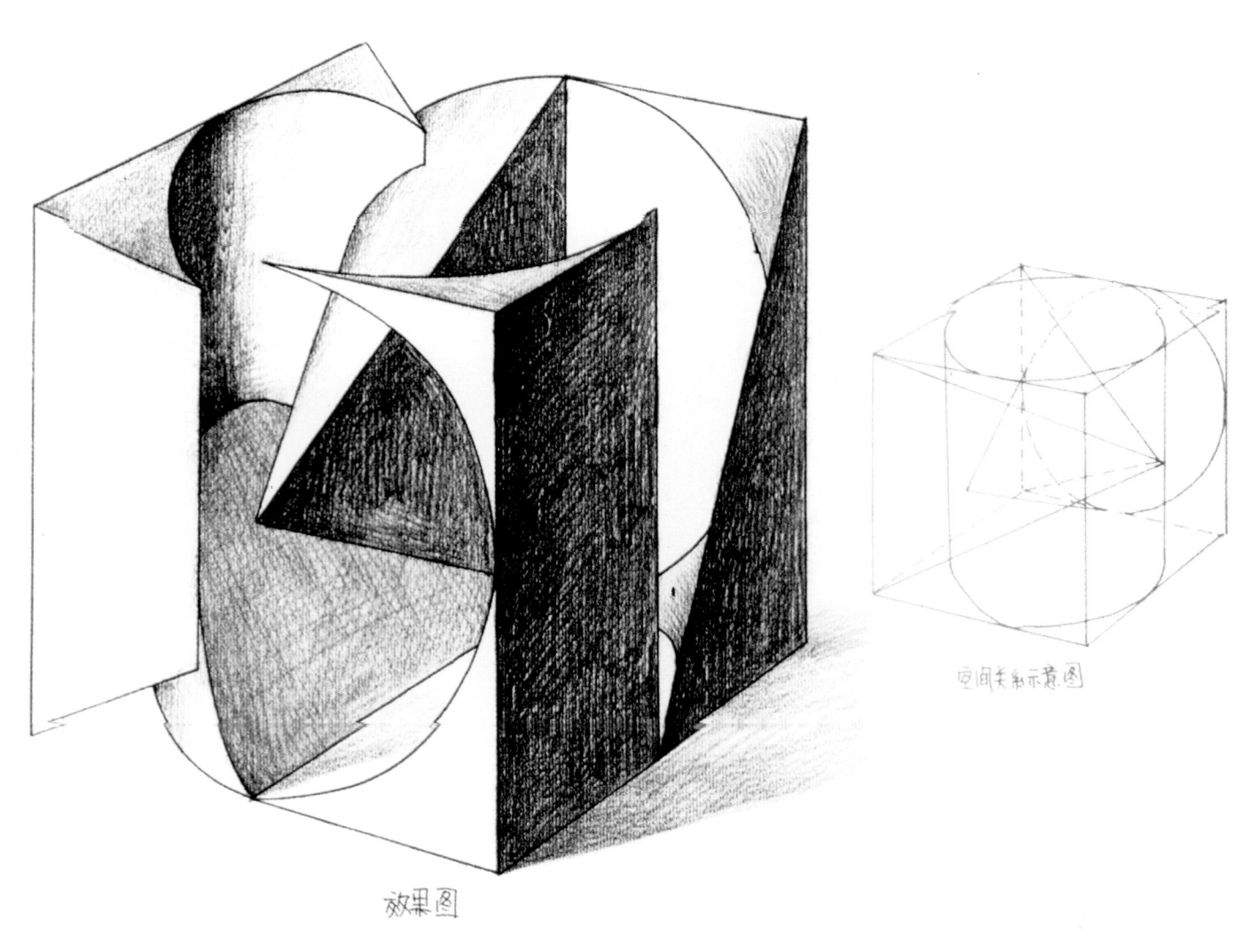

效果图

空间关系示意图

34 | 极限建筑——立体构成权威教程

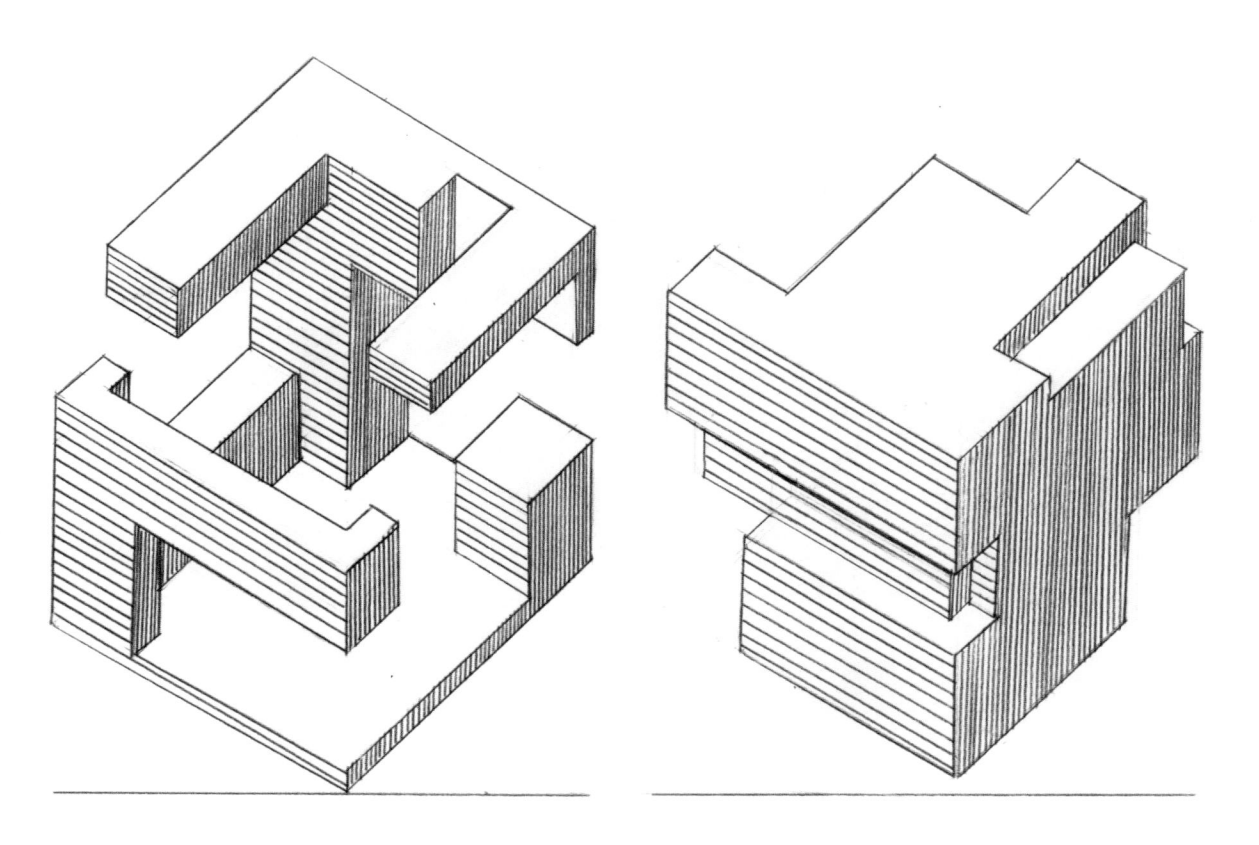

这个是自由剖切训练，训练的目的是激发学生切割一个形体时对它所分成的两部分的想象力，从而培养对实体与空间的想象力。该作业通过切割所分成的两部分，一个偏空间，一个偏实体，二者的形态都比较丰富。

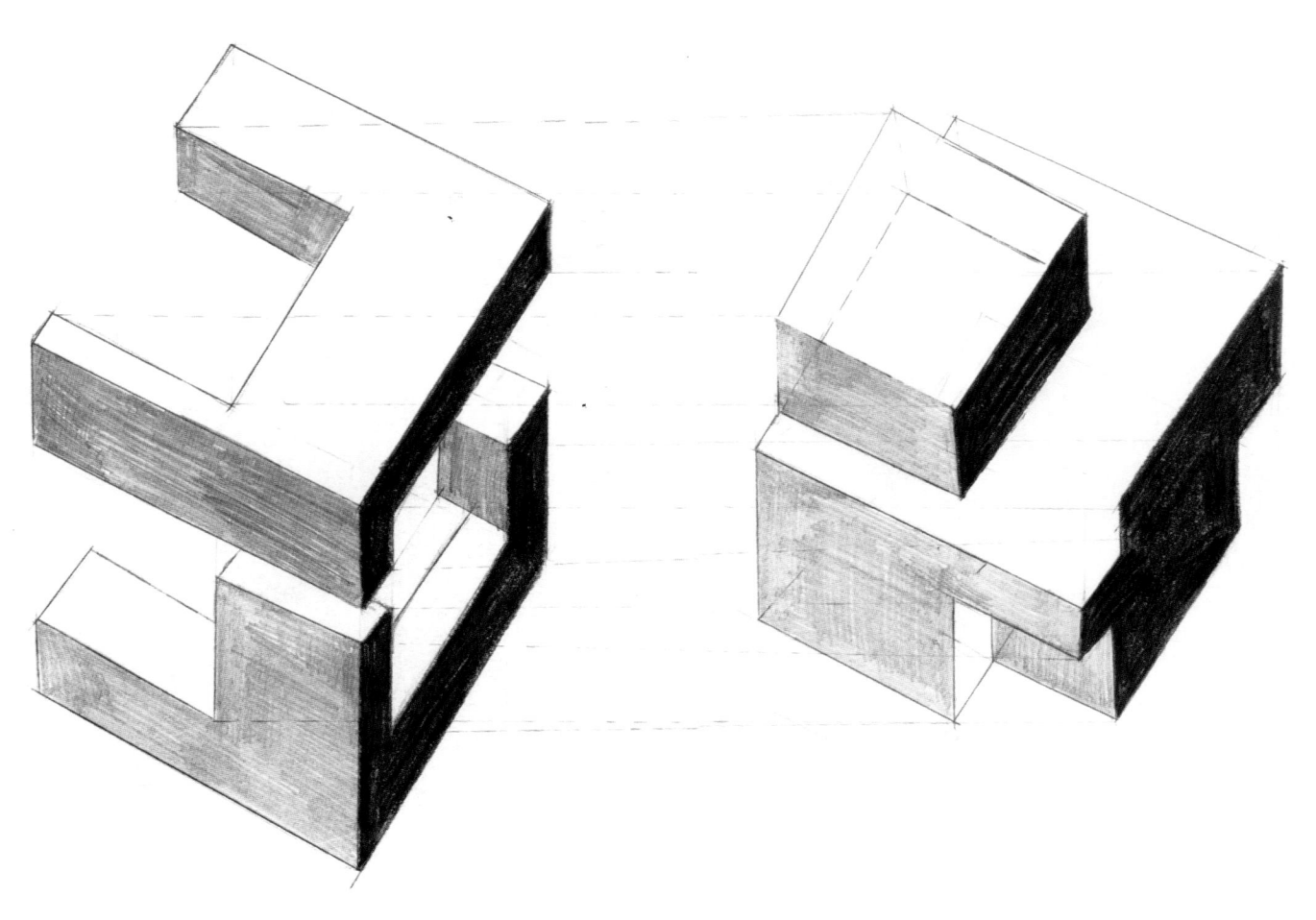

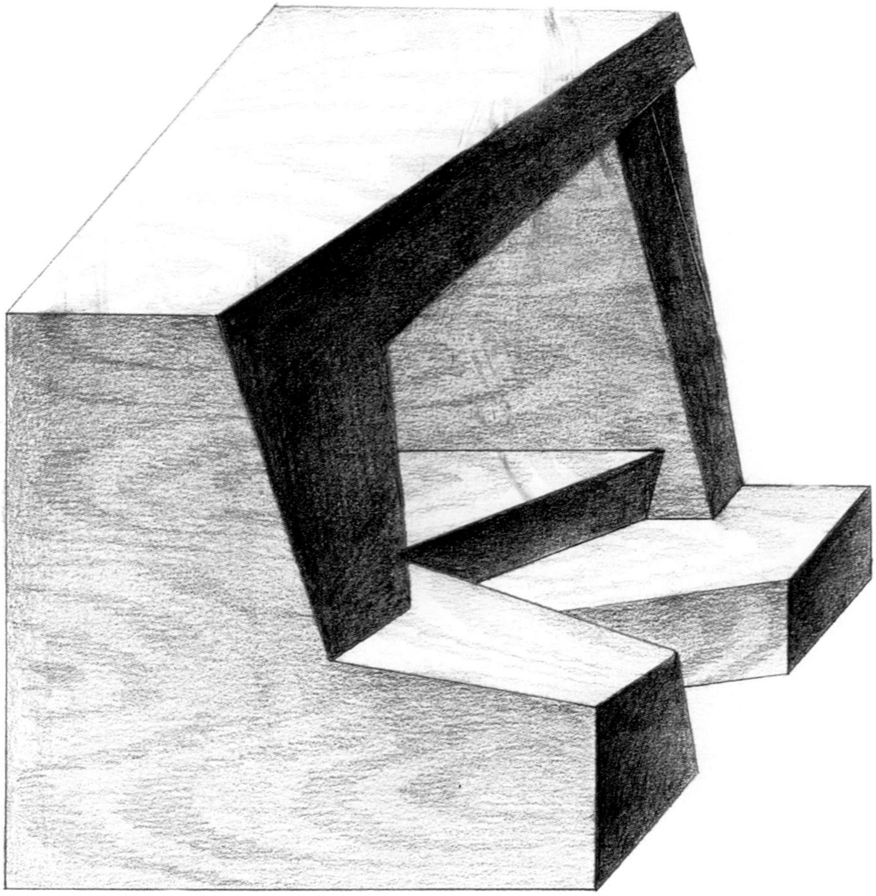

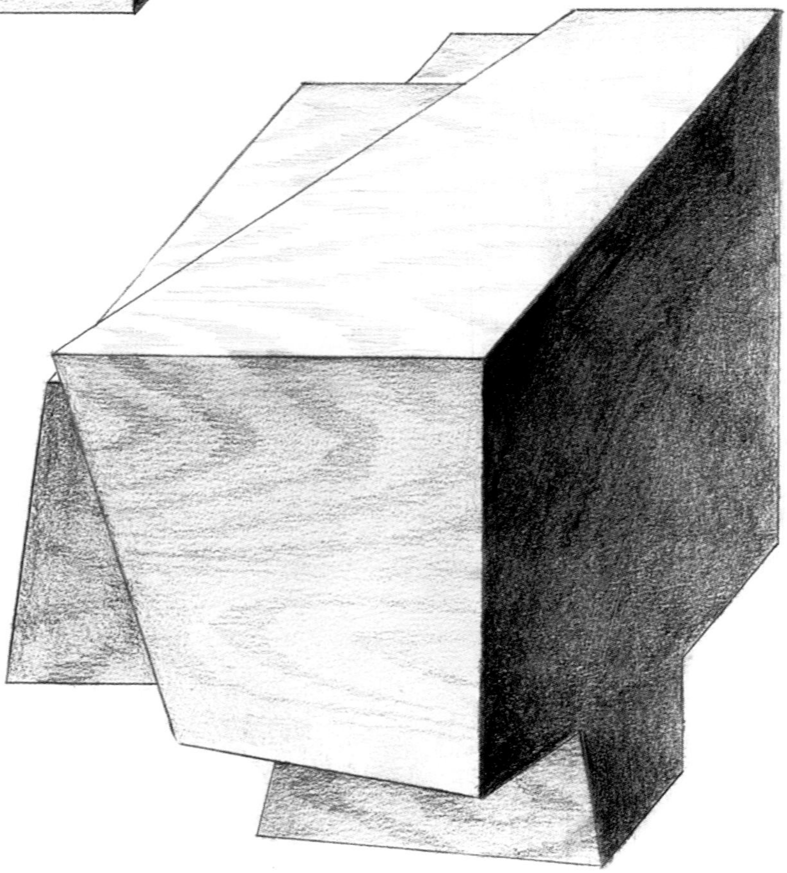

立体构成阶段训练

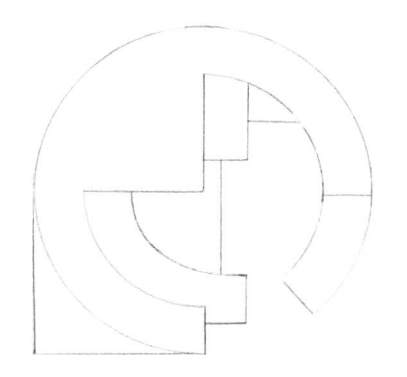

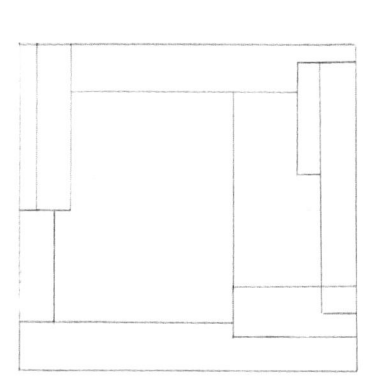

38 | 极限建筑——立体构成权威教程

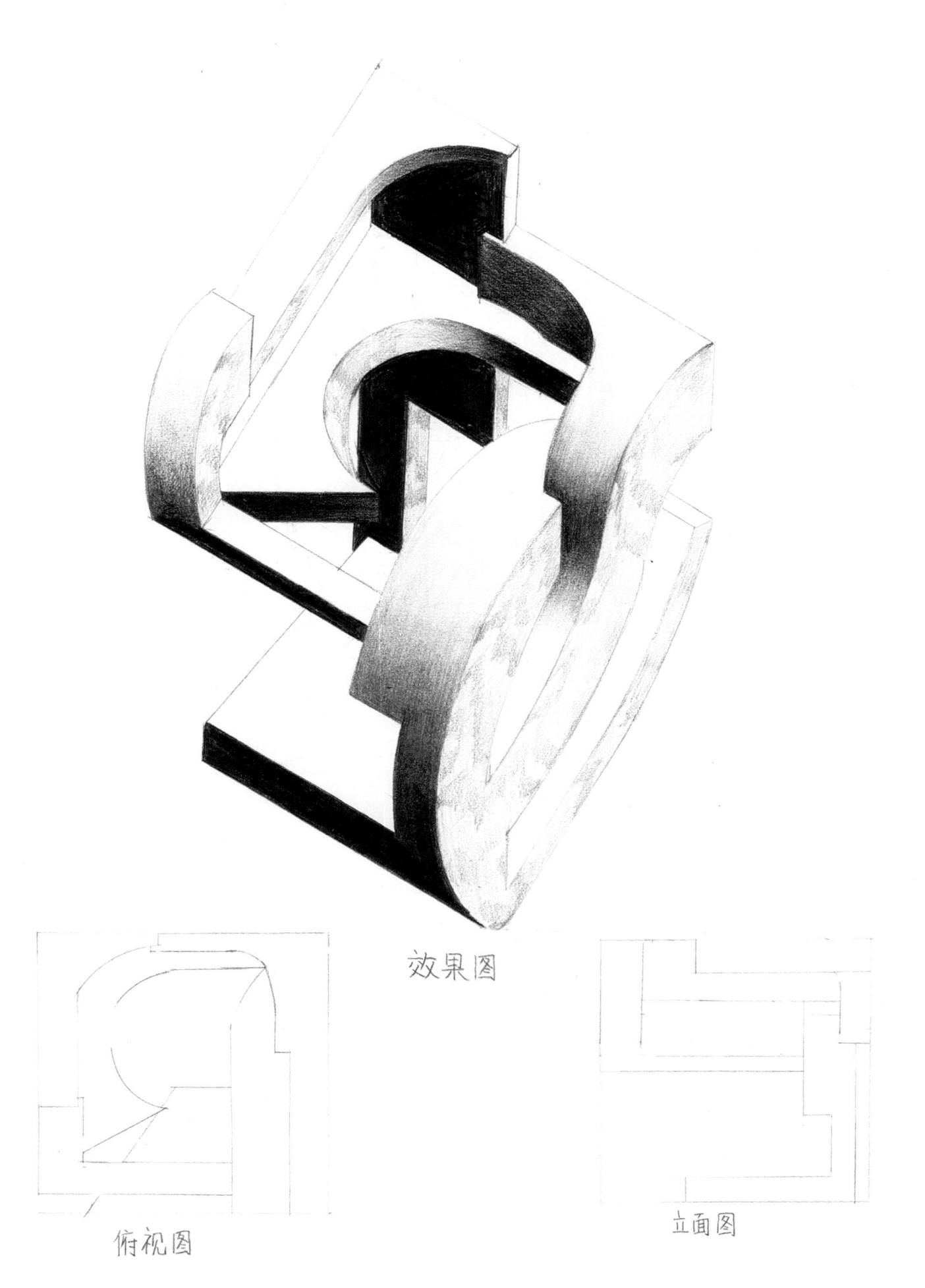

效果图

俯视图　　　　　　　　　　立面图

40 | 极限建筑——立体构成权威教程

41 | 立体构成阶段训练

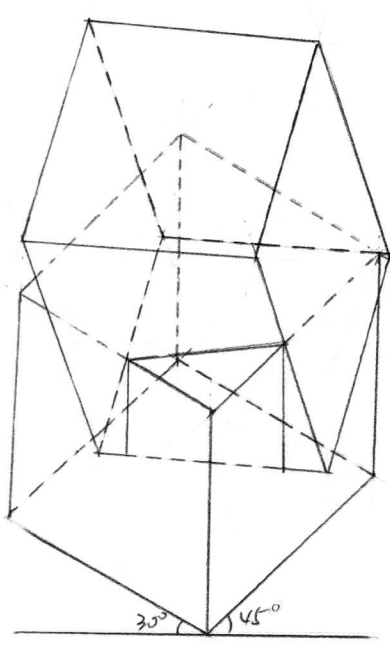

30° 45°

43 | 立体构成阶段训练

4 相贯线训练

两个形体相交而在表面形成的相贯线是立构中一个相对复杂又比较重要的考查点。
各种形态形体在相交时将形成相贯线，正确地找出相贯线又是我们必须要掌握的知识点，本阶段的训练就是要掌握这种能力。

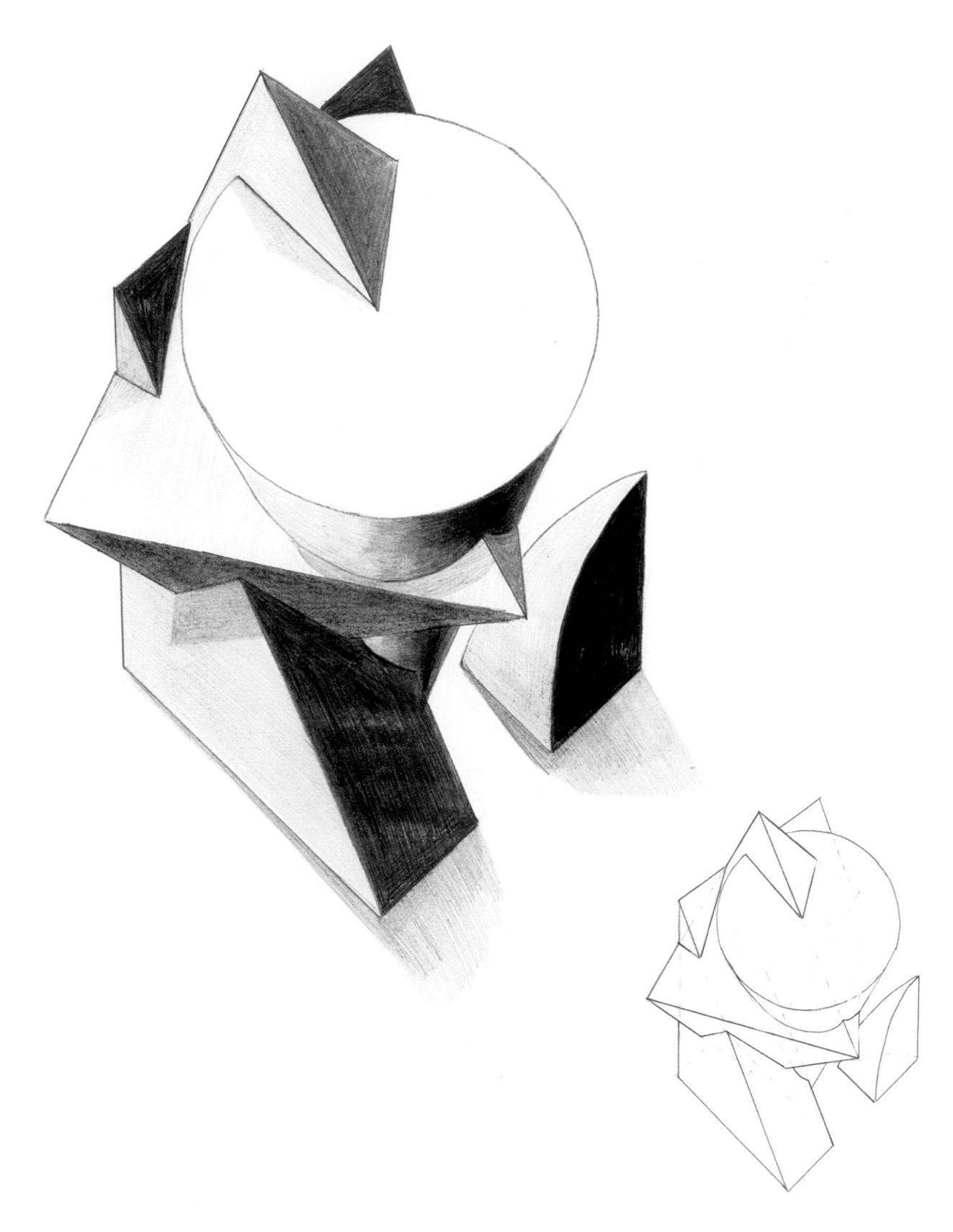

45 | 立体构成阶段训练

46 | 极限建筑——立体构成权威教程

5 综合性训练

经过前面四个大模块的训练，我们已经具备了相对完整的立体构成能力，建立了对立体构成的审美判断能力，并且能够独立完成一张成熟完整的立体构成作业。接下来我们将通过严格限时对前面所讲的各种手法和知识进行综合性训练，包括对前面训练过的题目进行升级以及一些特殊类型题目的训练，以强化我们的立体构成应试能力，让我们能够在规定的时间内完成一张成熟、完整、优秀的立体构成试卷。

极限建筑——立体构成权威教程

49 | 立体构成阶段训练

极限建筑——立体构成权威教程

51 | 立体构成阶段训练

52 | 极限建筑——立体构成权威教程

平面图

立面图

平面图

立面图

53 | 立体构成阶段训练

平面图

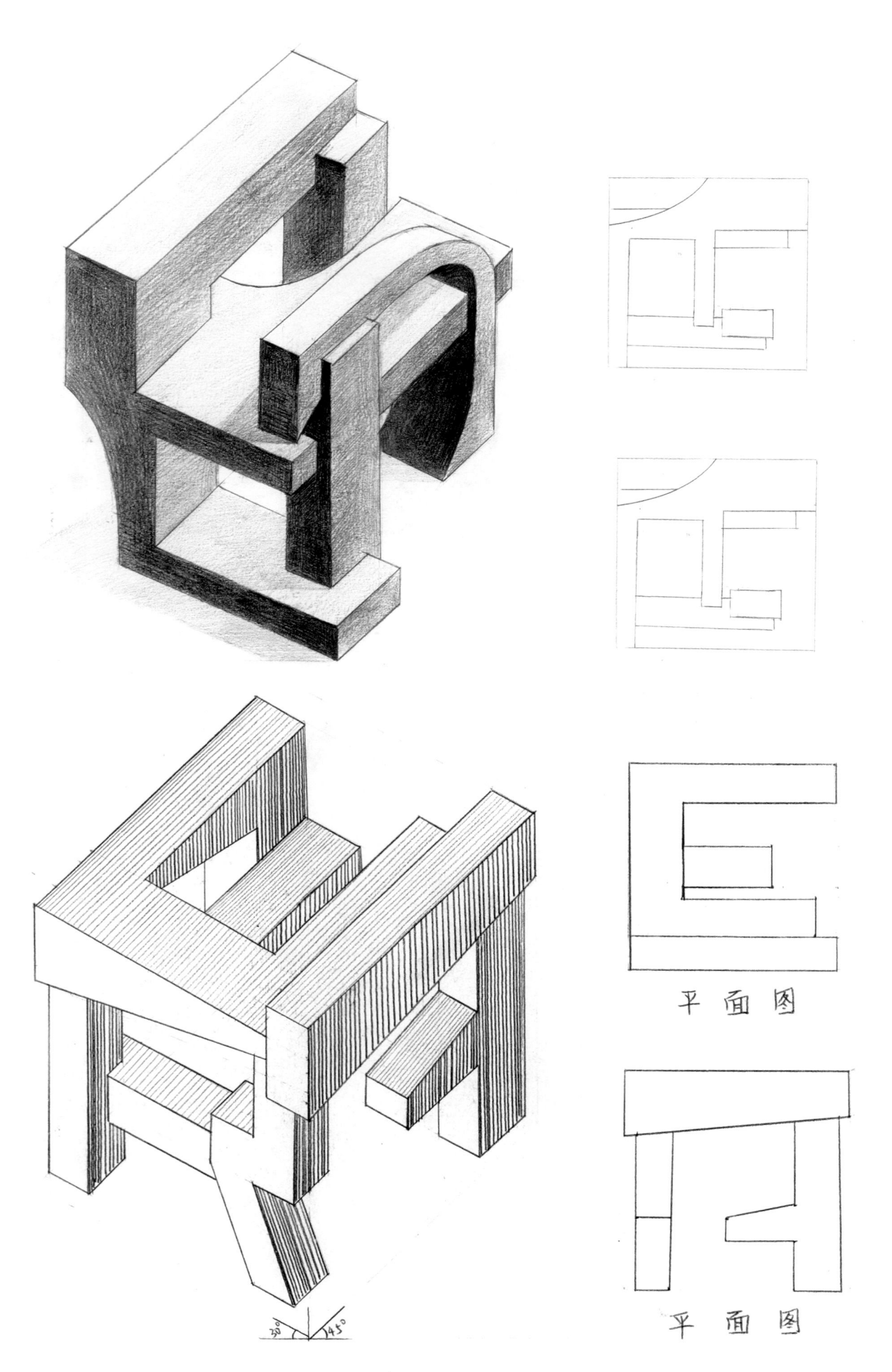

平面图

侧视图

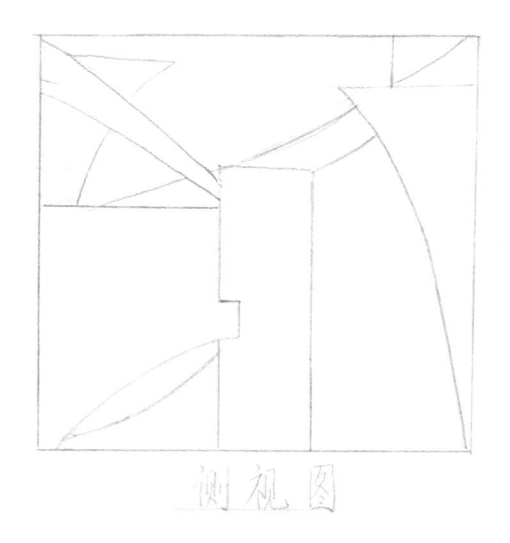

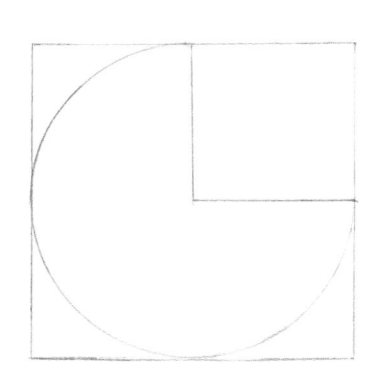

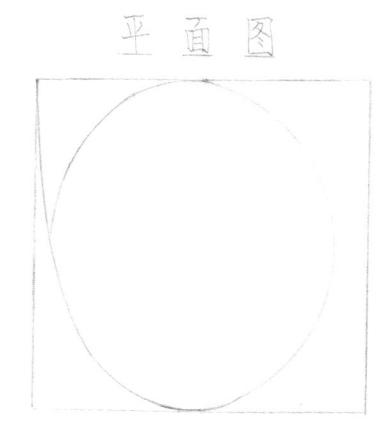

平面图

立面图

55 | 立体构成阶段训练

平面图

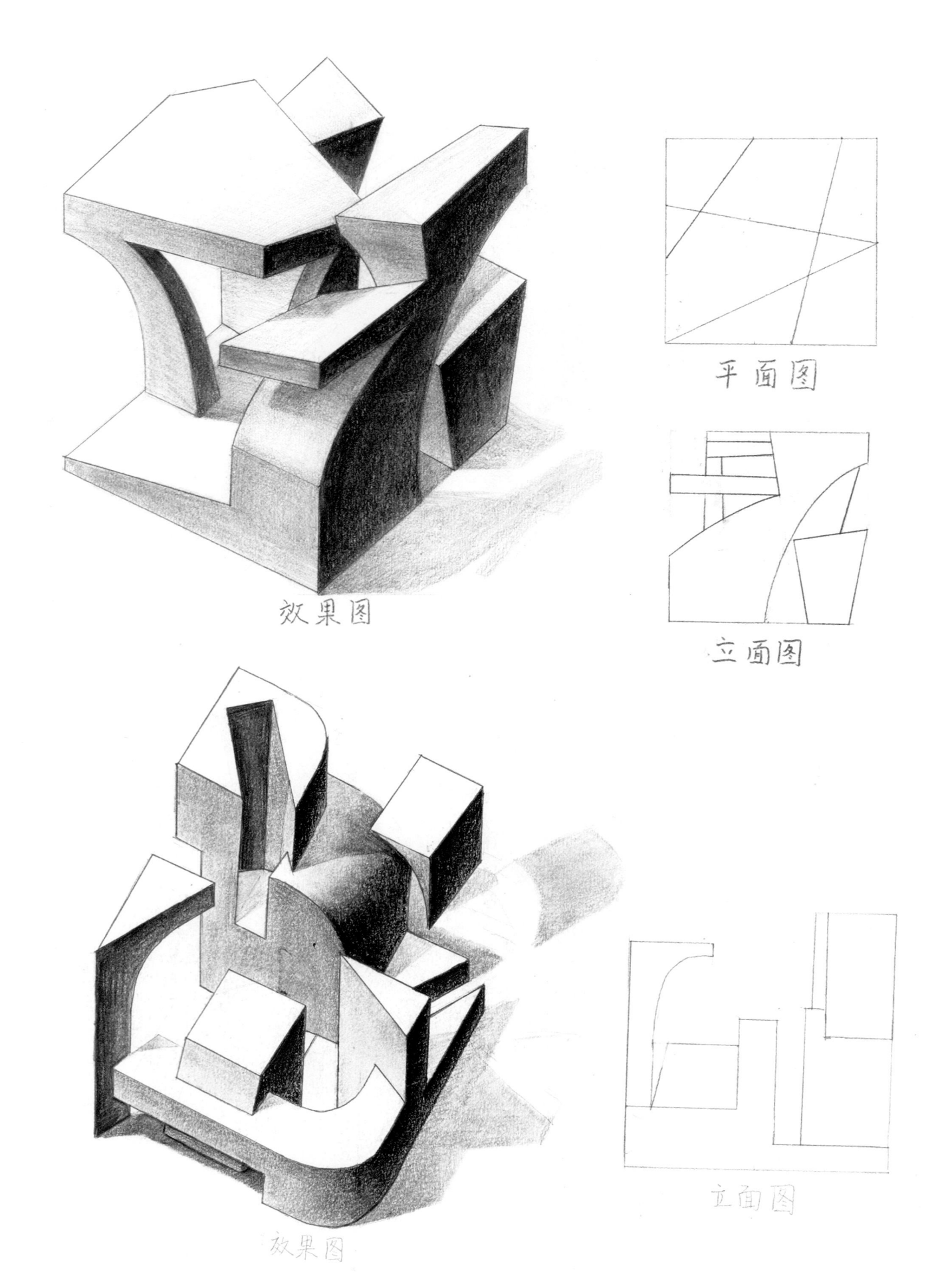

立面图

效果图

立面图

效果图

57 | 立体构成阶段训练

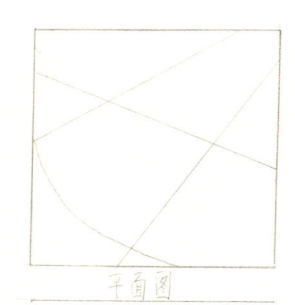

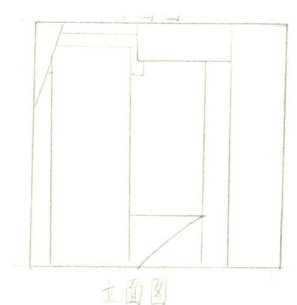

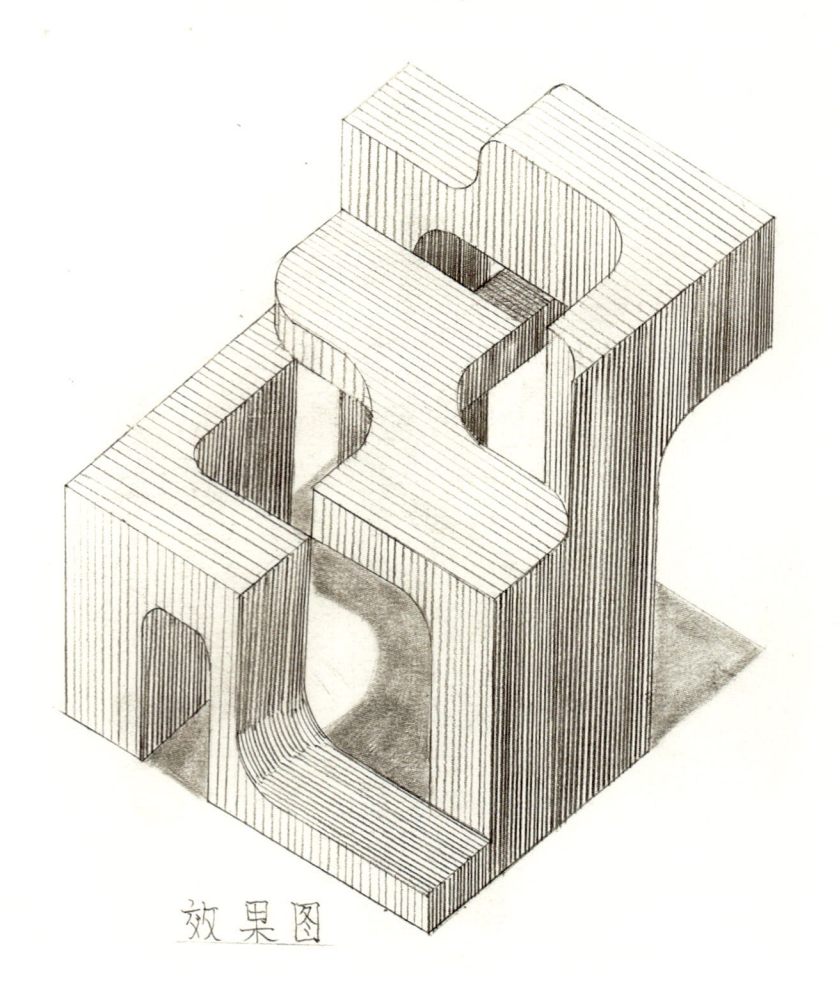

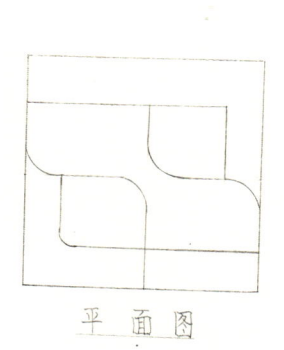

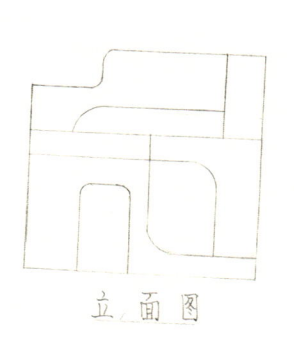

效果图

平面图

立面图

效果图

平面图

立面图

效果图

平面图

立面图

平面图

立面图

效果图

59 | 立体构成阶段训练

立体构成高分范例

62 | 极限建筑——立体构成权威教程

效果图 结构图

效果图 结构图

63 | 立体构成高分范例

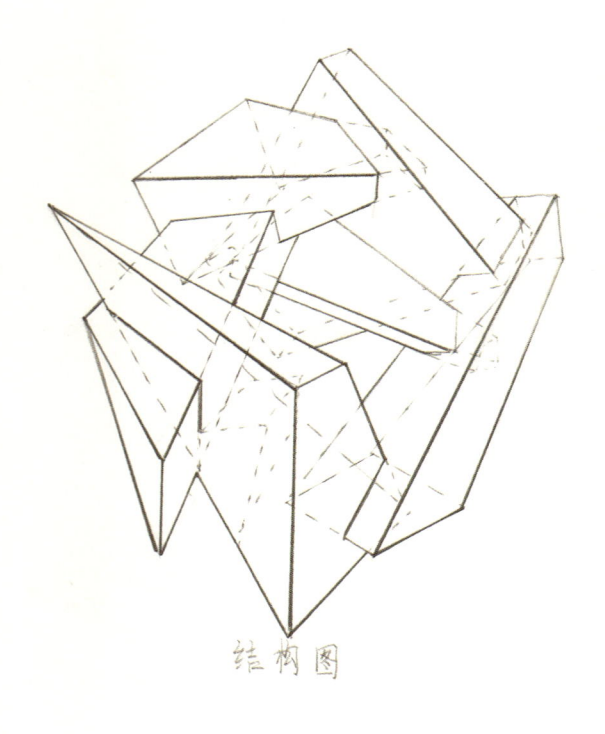

效果图 结构图

效果图 结构图

立体构成高分范例

效果图　　　　　　　　　　结构图

效果图　　　　　　　　　　结构图

结构图

效果图　　　　　结构图

立体构成高分范例

结构图

结构图

效果图

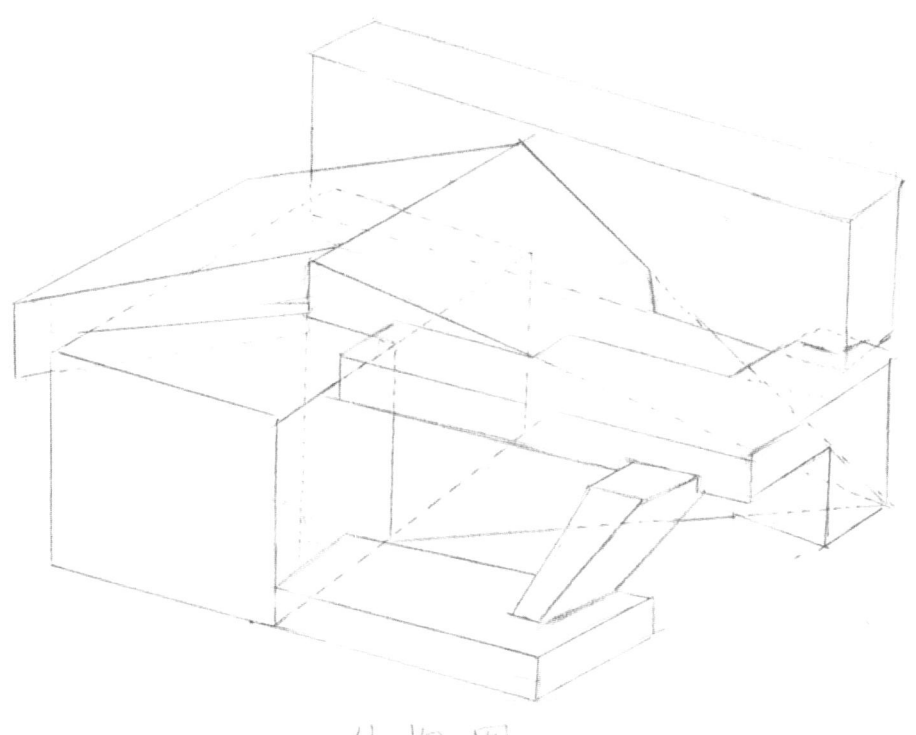

结构图

69 | 立体构成高分范例

70 | 极限建筑——立体构成权威教程

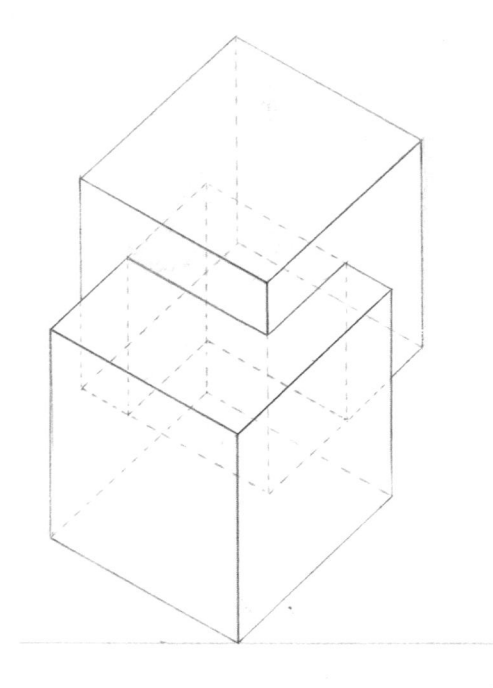

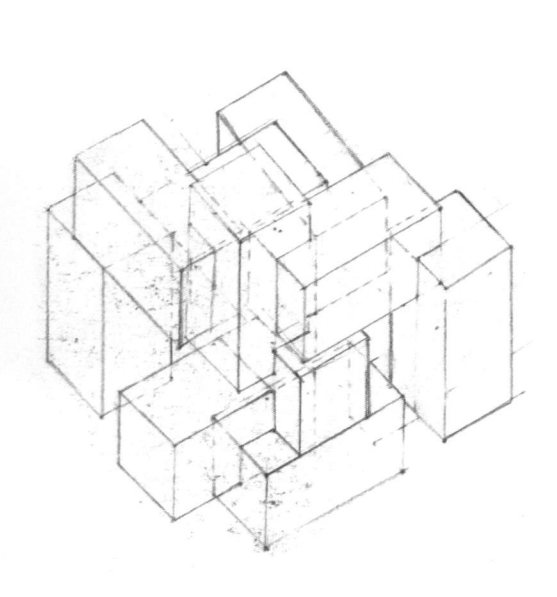

顶视图

正视图

侧视图

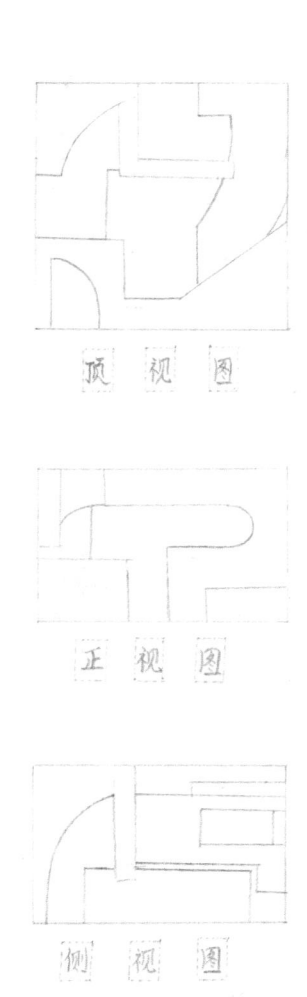

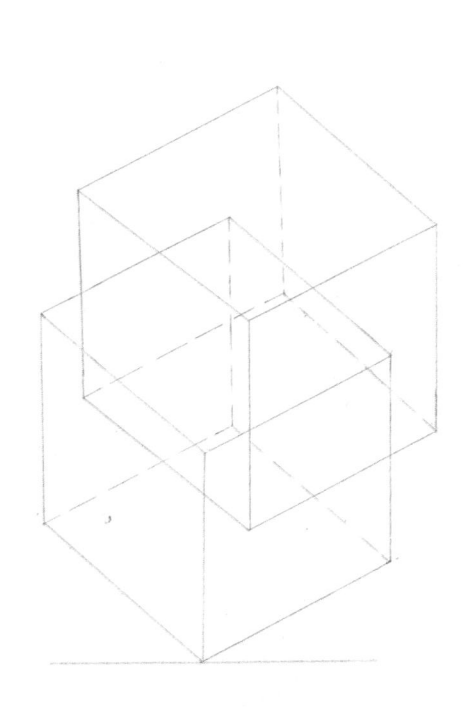

效果图

立体构成高分范例

30° 45°
轴侧图

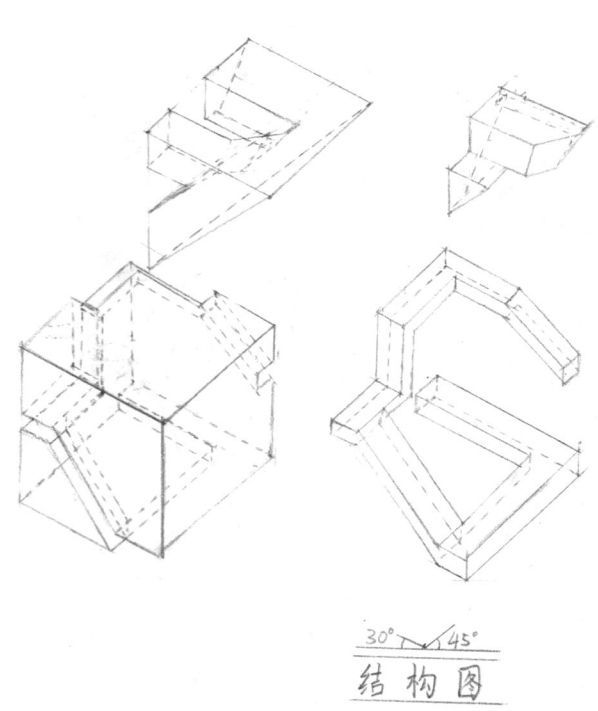

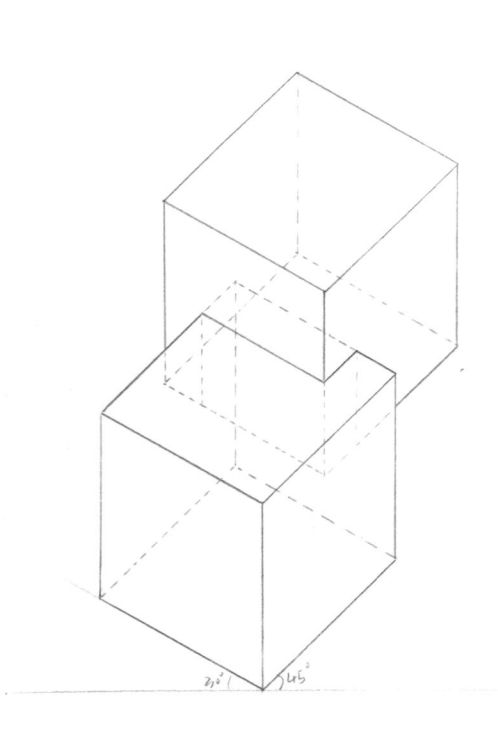

30° 45°
结构图

72 | 极限建筑——立体构成权威教程

结构图

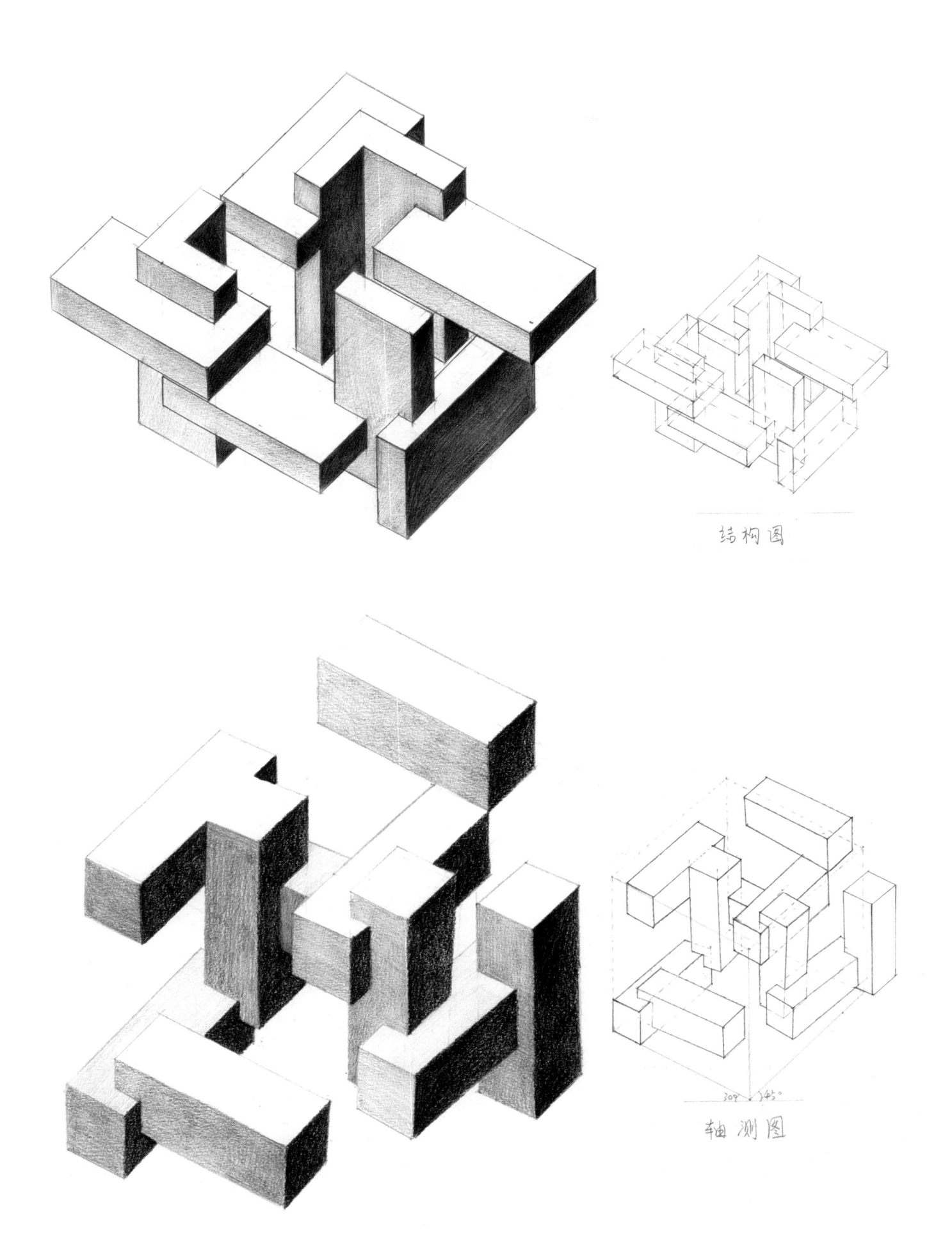

轴测图

立体构成高分范例

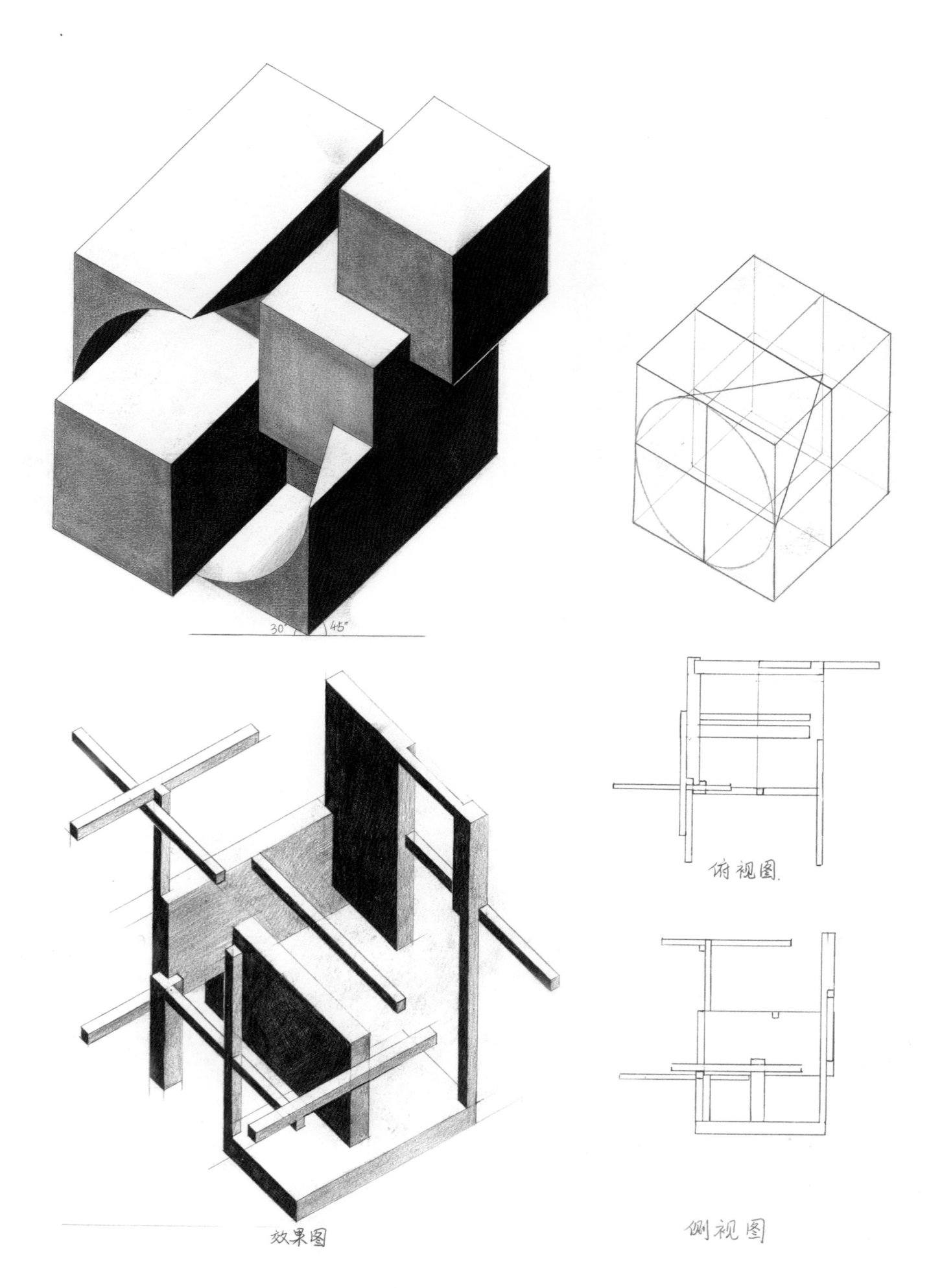

效果图

俯视图

效果图

侧视图

74 | 极限建筑——立体构成权威教程

轴测图

30° 60°

75 | 立体构成高分范例

结构图

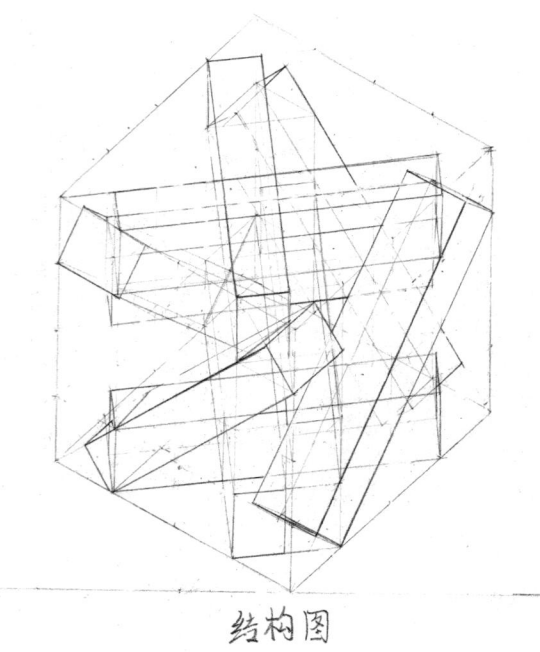

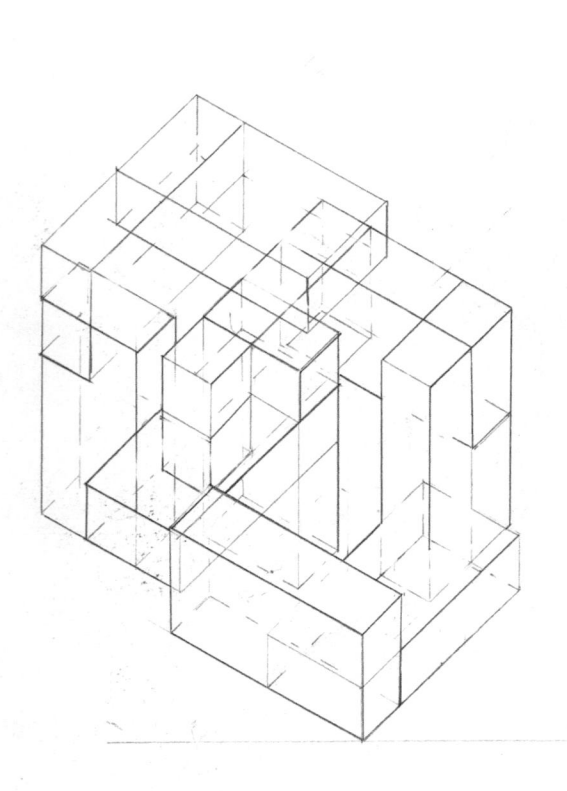

立体构成高分范例

78 | 极限建筑——立体构成权威教程

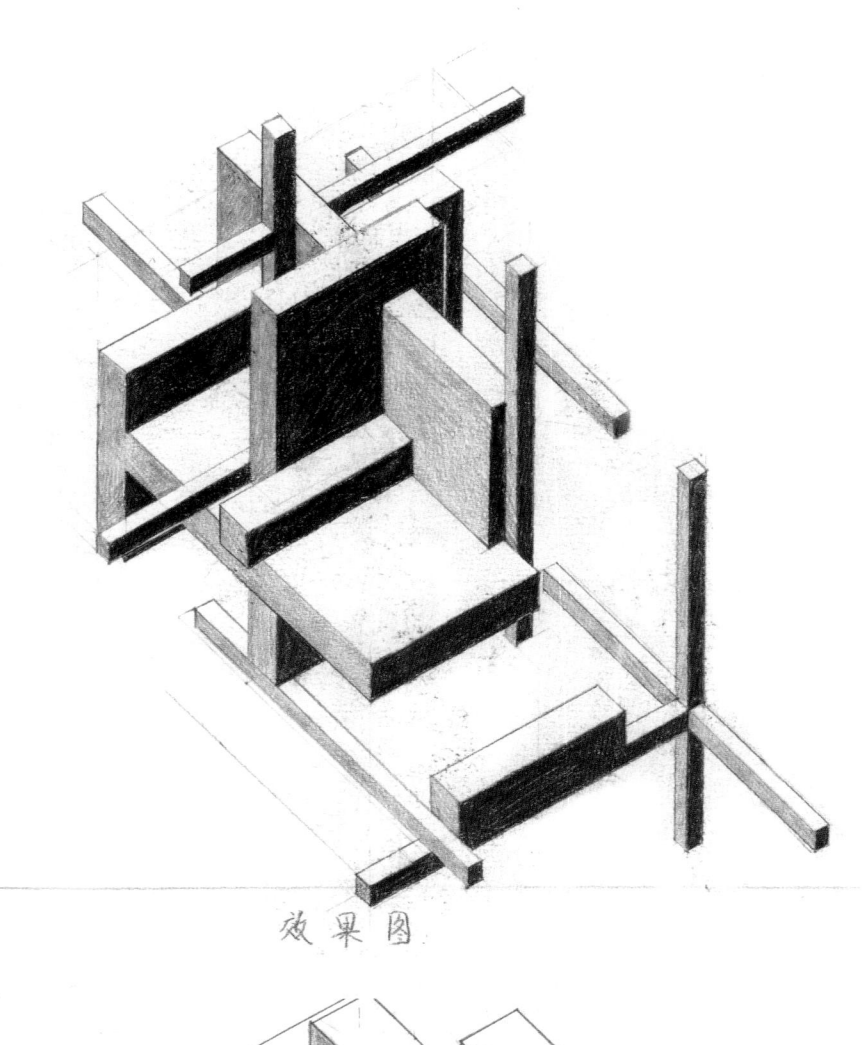

顶视图

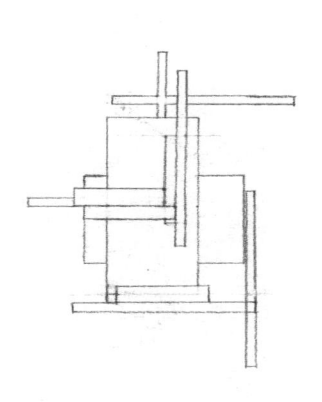

侧视图

效果图

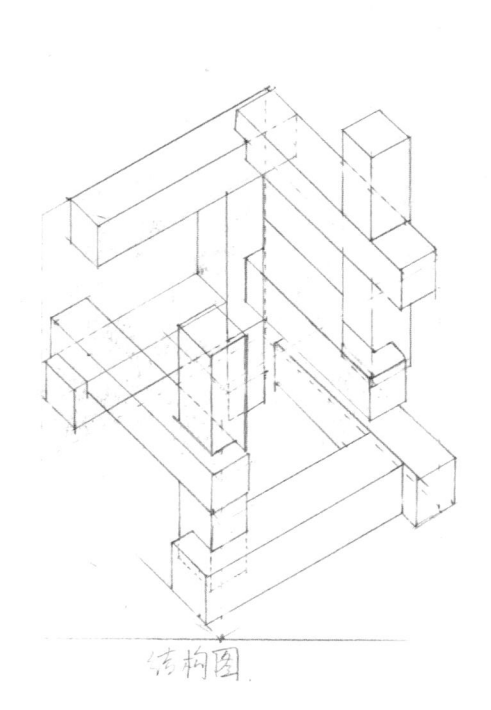

效果图

结构图

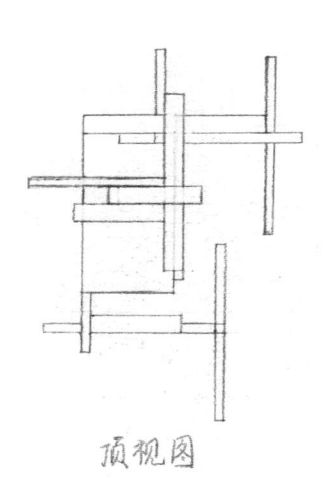

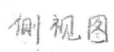

79 | 立体构成高分范例

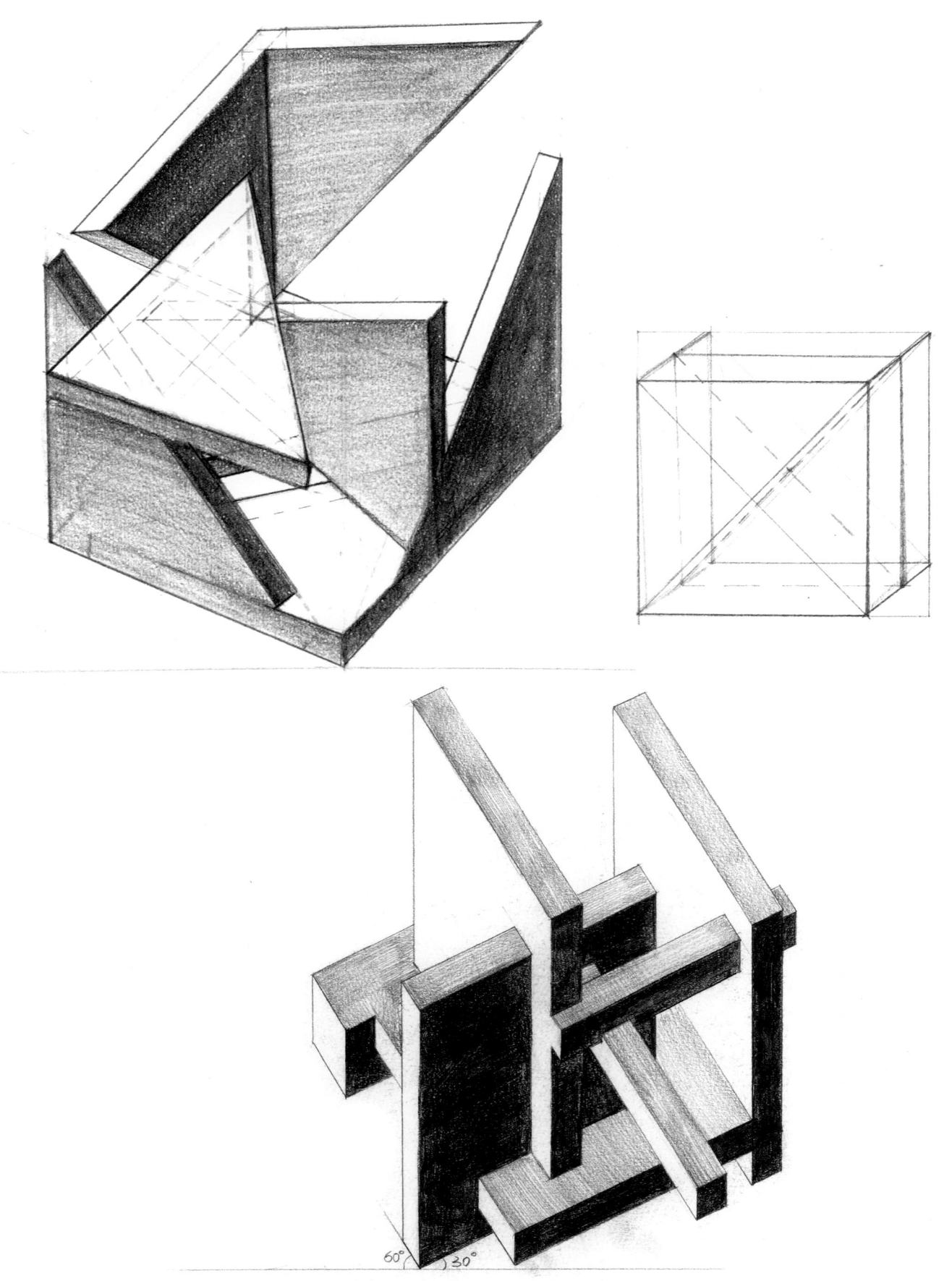

轴测图

80 | 极限建筑——立体构成权威教程

30° 45°
效果图

结构图

81 | 立体构成高分范例

效果图

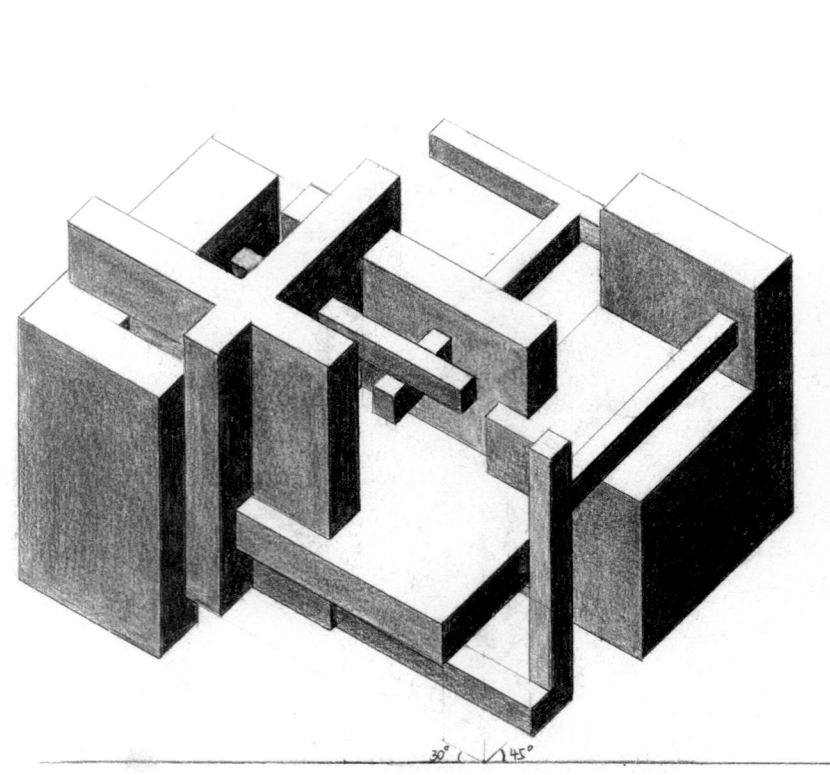

切分结构图

关系示意图

效果图

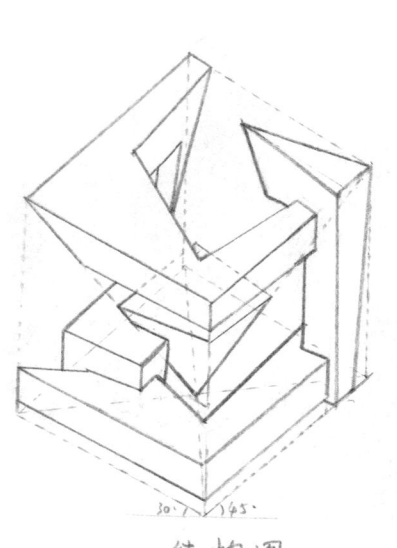

结构图

82 | 极限建筑——立体构成权威教程

83 | 立体构成高分范例

84 | 极限建筑——立体构成权威教程

效果图

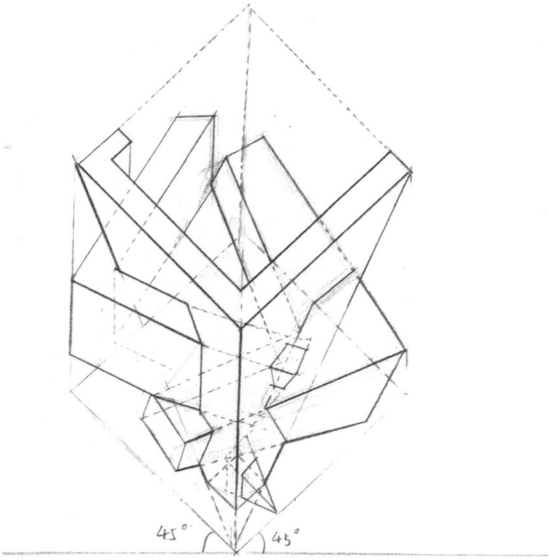

结构图

轴测图

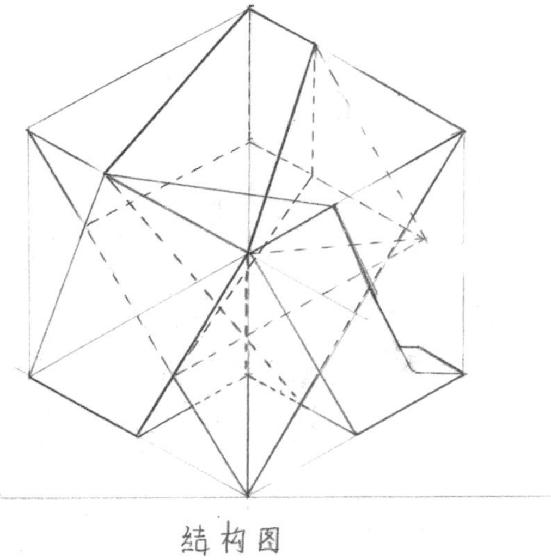

结构图

85 | 立体构成基础教学

结构图

表现图

效果图

结构图

86 | 极限建筑——立体构成权威教程

轴测图

效果图 草构图

效果图

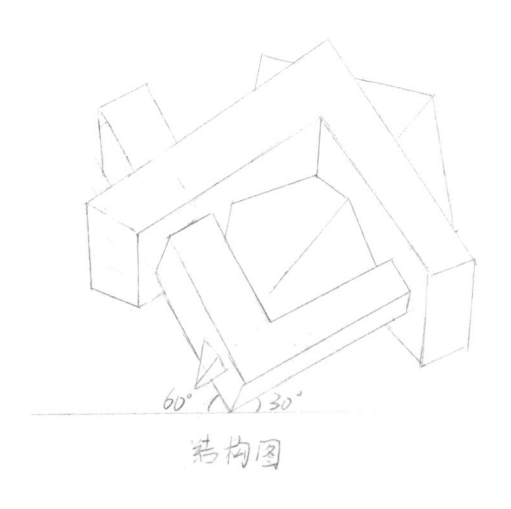

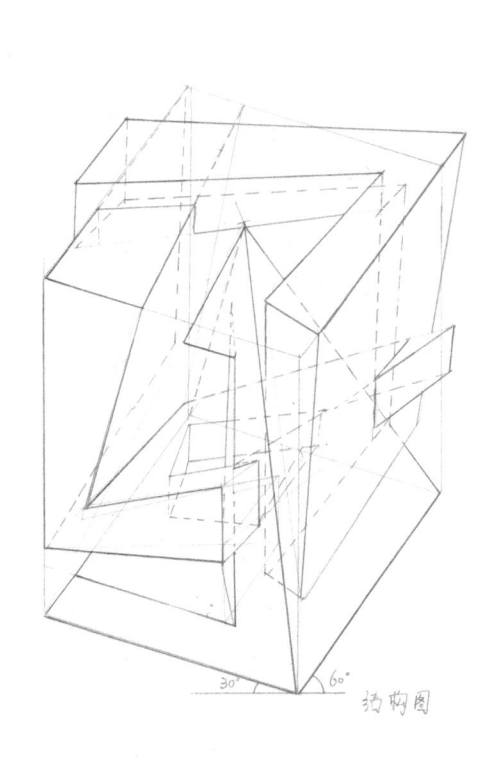

30° 60° 轴测图

30° 60° 构图

87 | 立体构成基础教学

结构图

效果图

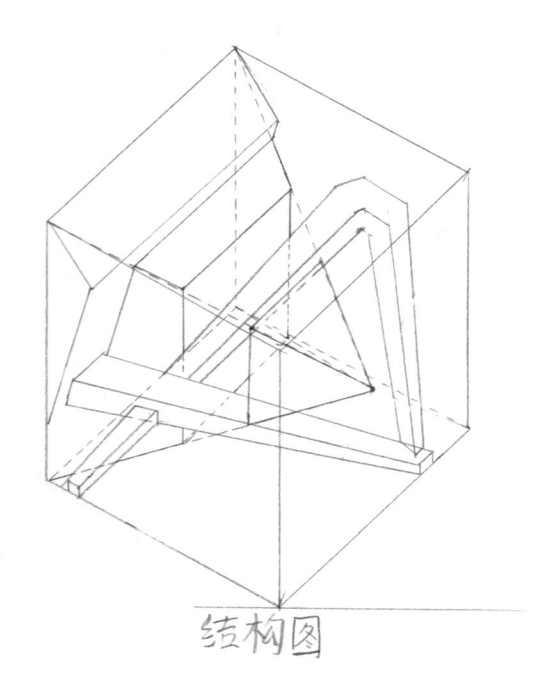

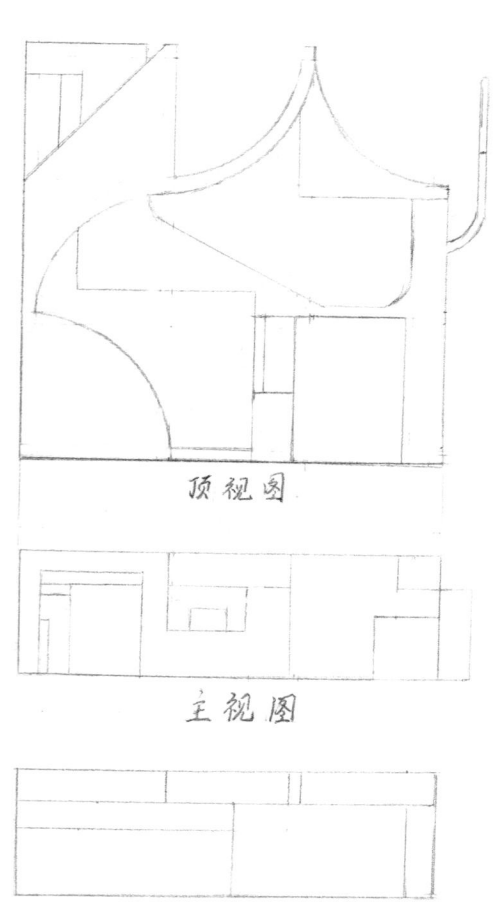

顶视图

主视图

侧视图

轴测图

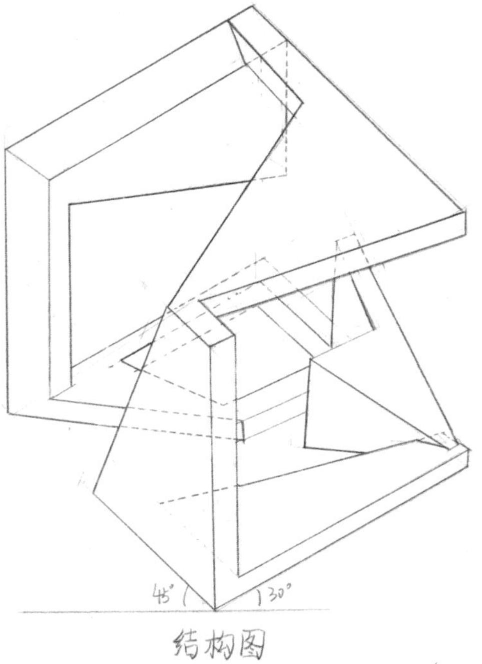

结构图

效果图

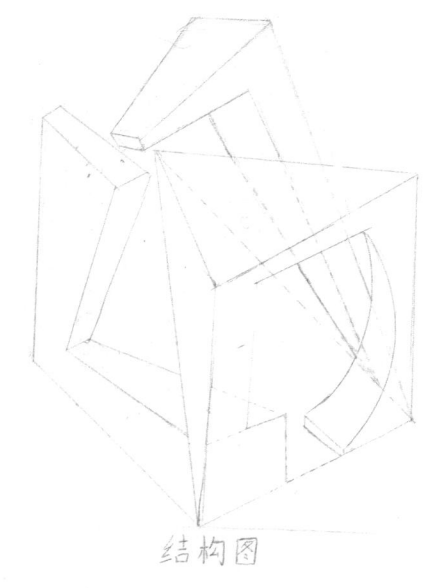

结构图

89 | 立体构成基础教学

结 构 图

90 | 极限建筑——立体构成权威教程

主视图

侧视图

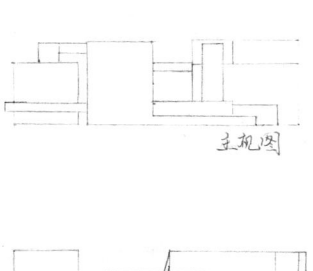

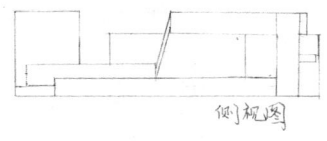

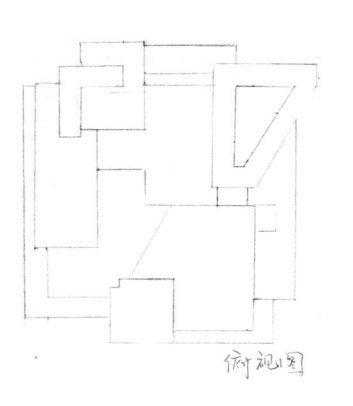

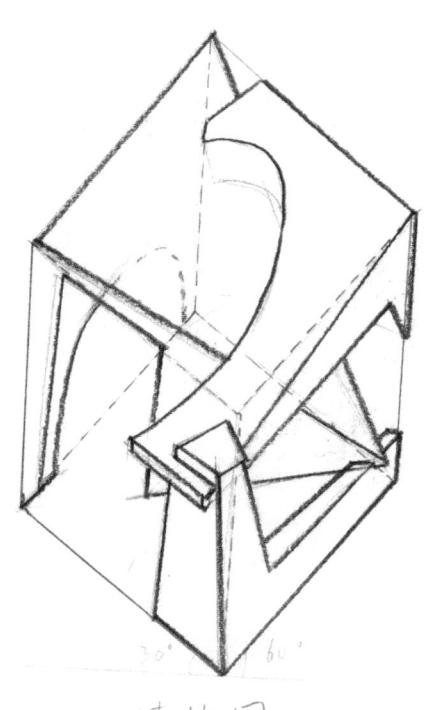

俯视图

30° 60°

结构图

91 | 立体构成基础教学

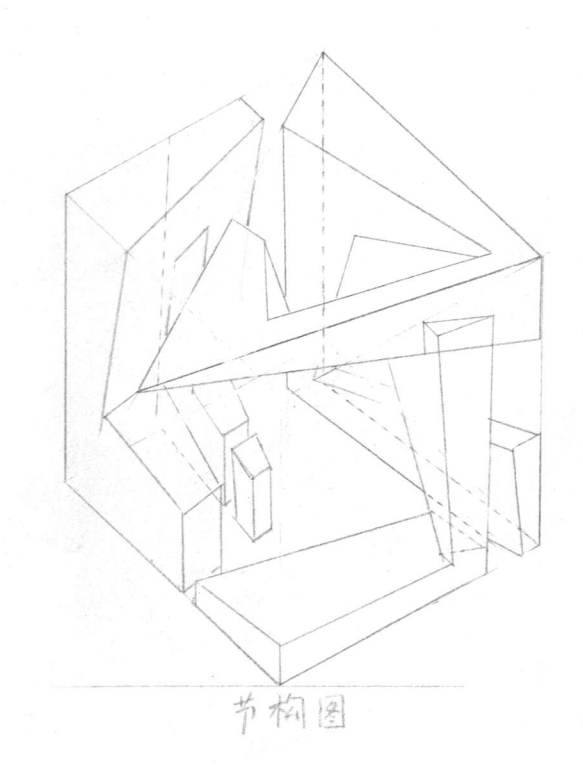

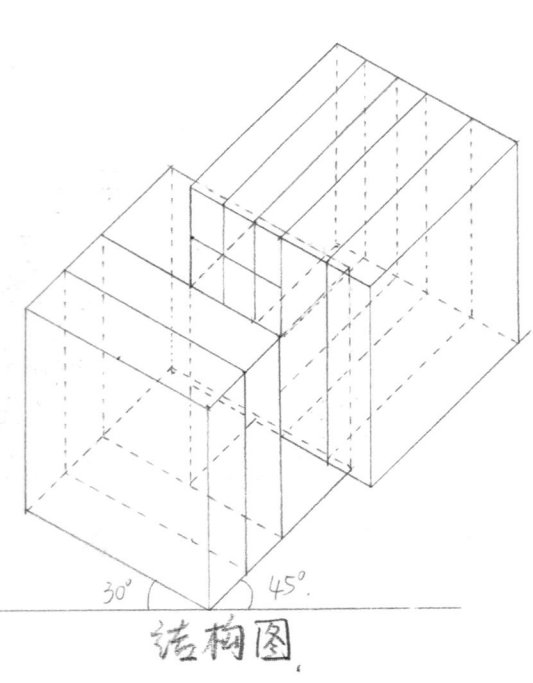

效果图 结构图

效果图 结构图

效果图

结构图

93 | 立体构成高分范例

效果图

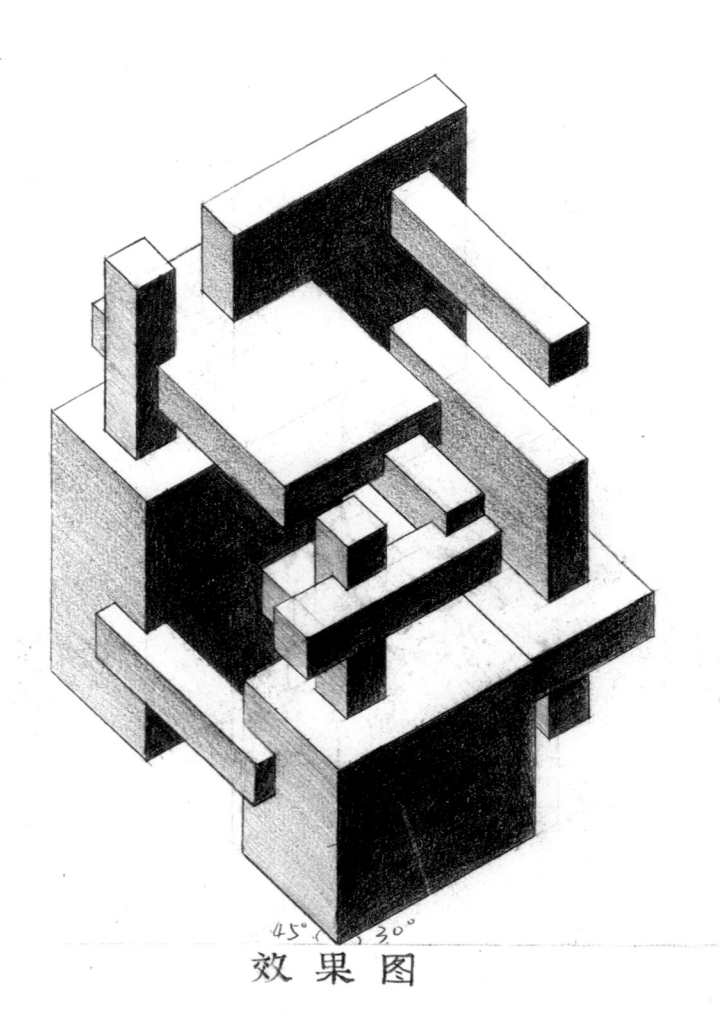

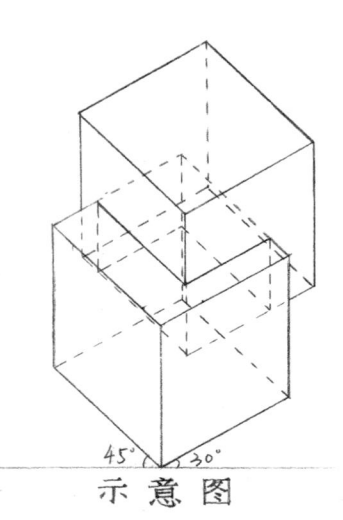

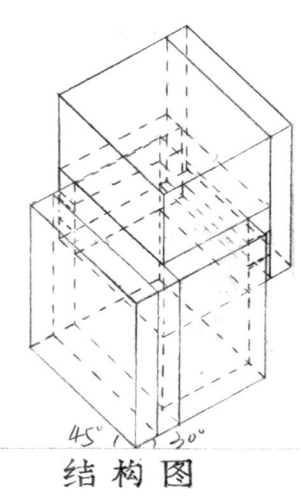

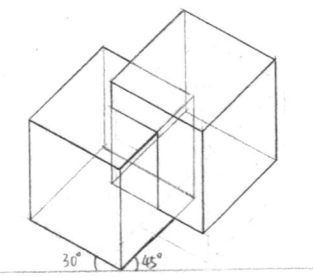

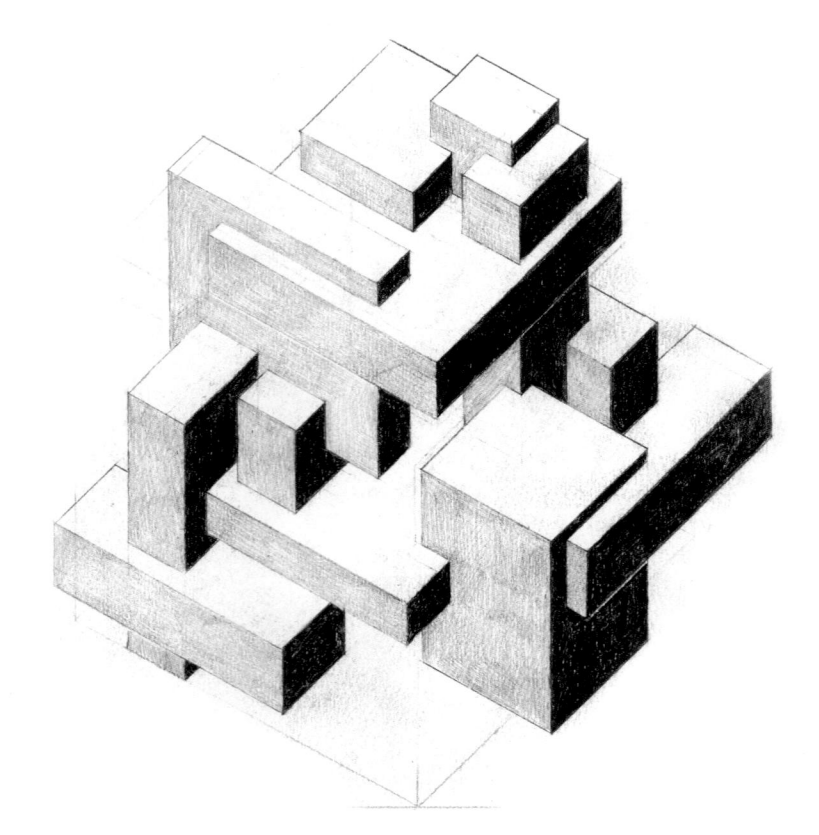

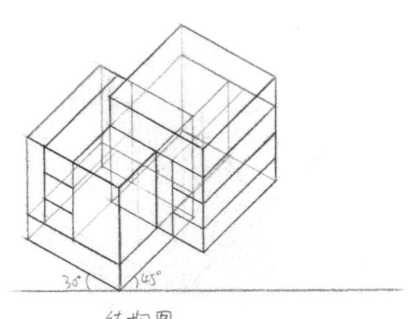

示意图

结构图

结构图

94 | 极限建筑——立体构成权威教程

效果图

结构图

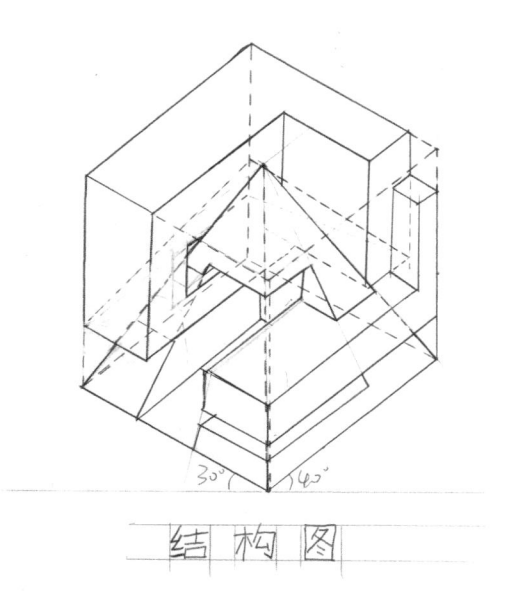

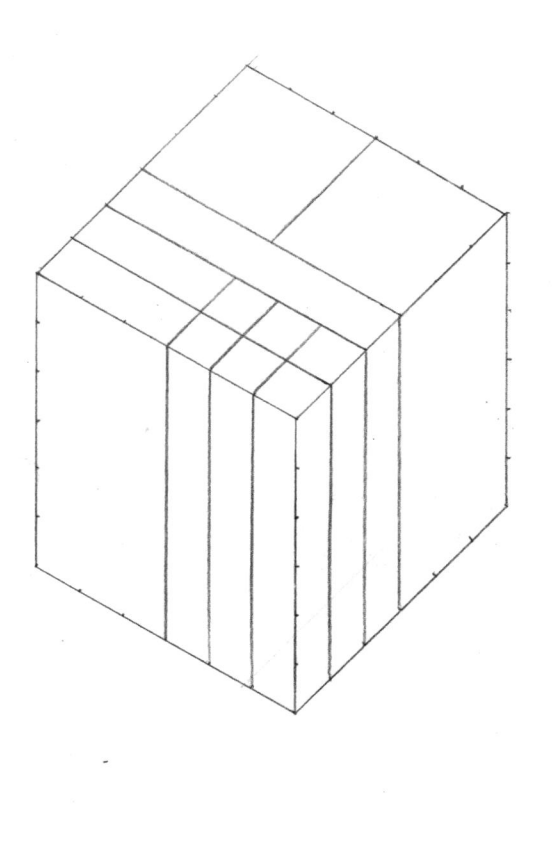

立体构成基础教学

律师声明

北京市中友律师事务所李苗苗律师代表中国青年出版社郑重声明：本书由著作权人授权中国青年出版社独家出版发行。未经版权所有人和中国青年出版社书面许可，任何组织机构、个人不得以任何形式擅自复制、改编或传播本书全部或部分内容。凡有侵权行为，必须承担法律责任。中国青年出版社将配合版权执法机关大力打击盗印、盗版等任何形式的侵权行为。敬请广大读者协助举报，对经查实的侵权案件给予举报人重奖。

侵权举报电话

全国"扫黄打非"工作小组办公室
010-65233456　65212870
http://www.shdf.gov.cn

中国青年出版社
010-59521012
E-mail: cyplaw@cypmedia.com
MSN: cyp_law@hotmail.com

图书在版编目(CIP)数据

立体构成权威教程 / 郭建军, 沙伟臣, 苏友勇编著. —北京：中国青年出版社, 2015.8 （极限建筑）
ISBN 978-7-5153-3381-6
Ⅰ.①立… Ⅱ.①郭… ②沙… ③苏… Ⅲ.①立体造型-高等学校-入学考试-教材 Ⅳ.①J06
中国版本图书馆CIP数据核字（2015）第124597号

策划编辑：王世伟
助理策划：李梦川
责任编辑：张　军
书籍设计：六面体书籍设计　彭　涛　郭广建

本书设计作品均来自北京"新意新象"画室。在此感谢本书编著郭建军、沙伟臣、苏友勇，编委孙明豪、宋磊、崔英杰、蒲玉轻、苏友强、韩慧、辛铁峰和黄乙的辛勤付出。

极限建筑——立体构成权威教程

主　编 / 郭建军　沙伟臣　苏友勇

出版发行：中国青年出版社
地　　址：北京市东四十二条21号
邮政编码：100708
电　　话：（010）50856111 / 50856158
传　　真：（010）50856111
企　　划：北京中青雄狮数码传媒科技有限公司
印　　刷：北京建宏印刷有限公司
开　　本：787×1092　1/16
印　　张：6
版　　次：2015年10月北京第1版
印　　次：2015年10月第1次印刷
书　　号：ISBN 978-7-5153-3381-6
定　　价：49.00元

本书如有印装质量等问题，请与本社联系
电话：（010）50856111 / 50856158

"新意新象"网络资讯

征稿信息

优质的印刷工艺，精美的设计呈现，高效的出版管理，雄狮美术与你携手共同创造中国美术教育的未来。请将你的美术作品发送给我们。
投稿邮箱：lion_art@cypmedia.com